구마 겐고의 도쿄 토크

작고 느슨한 방식으로 도시 만들기

KAWARE!TOKYO JIYUDE,YURUKUTE,TOJINAI TOSHI
by Kengo Kuma, Yumi Kiyono
Copyright © 2020 by Kengo Kuma, Yumi Kiyono
All rights reserved.
First published in Japan in 2020 by SHUEISHA Inc., Tokyo.

This Korean edition published by arrangement with Shueisha Inc., Tokyo
in care of Tuttle-Mori Agency, Inc., Tokyo, through ERIC YANG AGENCY, Seoul

구마 겐고의
도쿄 토크

작고 느슨한 방식으로 도시 만들기

変われ! 東京 - 自由で、ゆるくて、閉じない都市

저자 및 역자 소개

구마 겐고 隈研吾

1954년생. 건축가. 도쿄대학교 특별교수이자 명예교수, 일본예술원 회원. 『나, 건축가 구마 겐고』, 『삼저주의』, 『작은 건축』, 『나의 장소』가 있다. 기요노 유미와의 공저로는 『新·都市論 TOKYO』, 『新·ムラ論 TOKYO』 (이상 슈에이샤 신서)가 있다.

기요노 유미 清野由美

1960년생. 저널리스트. 게이오기주쿠대학교 대학원 SDM(시스템 디자인·매니지먼트) 연구과 석사과정 수료. 영국 케임브리지대학교 객원연구원. 저서로는 『住む場所を選べば、生き方が変わる』 등이 있다.

민성휘

홍익대학교 건축학부를 졸업 후 일본으로 건너가 현재는 도쿄R부동산에 재직 중이다. 실무에 필요한 언어를 습득하고자 번역을 시작했다. 재생 및 리노베이션의 실무를 포함하여 그 외의 다양한 활동을 통해 건축계의 중간층을 두텁게 만드는 일에 관심이 있다. 옮긴 책으로는 『건축하지 않는 건축가』, 『기업이 된다는 것』, 『세상을 읽는 안목 서양 건축사』 등이 있다. 인스타그램 @tanpakuna

일러두기

- 외국어 고유명사의 표기는 국립국어원의 용례를 따랐으나, 일부 명칭은 일반적으로 통용되는 표기를 사용하였다.
- 국내에 소개된 작품명은 번역된 제목을 따랐고, 국내에 소개되지 않은 작품명은 원어 제목을 병기하였다.
- 주요 작품 및 프로젝트는 「」, 이론 및 중요 고유명사는 〈〉, 단행본, 정기간행물, 논문은 『』로 표기하였다. 그 외 중요하지 않은 내용은 일부 생략하였다.

구마 겐고의
도쿄 토크

작고 느슨한 방식으로 도시 만들기

変われ! 東京 - 自由で、ゆるくて、閉じない都市

구마 겐고, 기요노 유미 지음
민성휘 옮김

envelop

추천의 글

작고 느슨한 건축에서 찾는
한국 도시의 미래

우미 신사업 총괄
이승훈

현대인의 특성 중 하나는, 과거 역사 속 시대 흐름을 따라가지 못한 과거 사람들을 저평가하는 데 있습니다. 마치 자신은 그들과 달리 시대의 진리를 깨달은 계몽된 인간인 양 자만하곤 하지요. 그러나 결국 오늘을 사는 우리 또한 미래 세대의 눈에는 또 하나의 어리석은 과거 인류로 보이기 쉽습니다. 역사 속에서 그나마 현명한 사람으로 기록되기 위해서는, 이 책에서 언급했듯 현재에 안주하지 않고 끊임없이 자신을 연마해야 합니다. 더불어 주변 환경과 시대의 흐름에 맞추어 변화의 방향을 계속 조정해야 합니다. 세상의 답은 고정되어 있지 않고, 시대와 상황에 따라 달라지기 때문입니다.

지금 우리 상황은 어떨까요? 외부적으로는 미·중 간의 정치적 긴장이 고조되고, 기술 변화의 속도는 더욱 빨라지고 있습니다. 내부적으로는 경제 저성장, 지방 소멸, 인구절벽이라는 전례 없는 도전에 직면해 있습니다. 지난 수십 년간 순풍을 타고 성장을 이어온 한국이라는 거대한 무역선은 이제 역풍 속에서 항해를 이어가야 합니다. 따라서 앞으로는 과거와는 전혀 다른 항해 자세가 필요합니다.

구마 겐고는 이러한 맥락에서, 건축가가 단순한 설계자에 머물러서는 안 된다고 강조합니다. 르네상스의 다빈치가 과학과 예술, 도시와 인간의 삶을 아울렀듯, 오늘의 건축가 또한 프로젝트의 기획과 자금, 운영, 나아가 도시 전체를 조망해야 한다는 것입니다. 그는 일본이 전후 경제성장 과정에서 '오오바코大箱'라 불리는 거대하고 닫힌 콘크리트 상자를 무한히 쌓아올린 결과, 효율성은 얻었으나 자유와 다양성을 잃었다고 비판합니다. 코로나 팬데믹은 바로 그 취약성을 드러낸 사건이었습니다. 이 책은 그 반성 위에서 쉐어하우스, 트레일러 레스토랑, 요코초의 목조건축과 같은 새로운 실험들을 다룹니다. 크고 밀폐된 구조가 아닌, 작고 느슨하며 유연한 방식으로 관계와 공동체를 회복하려는 시도들입니다.

    이는 효율 일변도의 시대를 넘어, 인간의 삶을 다시 중심에 두려는 전환이며, 도시가 닫힌 성벽이 되는 순간 쇠퇴한다는 역사적 교훈을 다시금 환기합니다. 보통 위기를 극복하기 위한 혁신에는 두 가지 축이 있다고 합니다. 하나는 선진 모범 사례를 벤치마크 하는 것이고, 다른 하나는 기술, 즉 생산성의 향상을 통해 돌파하는 것입니다. 이 책은 그중 전자, 즉 한국과 닮아 있지만 한 발 앞서가는 사회인 일본의 이야기를 다룹니다.

'제국은 성벽을 쌓고 성문을 잠그는 순간 멸망한다'는 말이 있습니다. 이는 고대 로마나 베네치아 공국에도 해당되었던 교훈입니다. 우리가 아무리 강대한 제국이더라도 언제나 문을 열고 새로운 생각과 사람들을 받아들여야 합니다. 그리고 이런 새로운 흐름 속에서 기존의 시스템과 관습으로는 설명되지 않는 소수의 답들이 돌출될 것입니다. 그중 일부는 우리 미래의 단서가 될 것이며, 따라서 이 소수를 만들고 지켜내는 것이야말로 가장 중요한 과제입니다.

역사를 돌아보면, 변화를 이끌어온 미술의 사조나 정치적 운동은 수많은 사람들의 움직임으로 완성되었지만, 그 시작에는 언제나 소수의 리더들이 있었습니다. 미래 한국 도시의 정의와 해답 또한 그러한 소수에게서 시작될 것입니다. 일본을 통해 한국의 미래에 영감을 주고, 건축을 넘어 도시의 본질을 다루는 이 책은 앞으로 대한민국 도시를 이끌어갈 리더들에게 소중한 전략적 나침반이 되어줄 것입니다.

목차

014 **프롤로그** 구마 겐고

제1장 도쿄는 어쩌다 세계 중심 도시가 될 기회를 놓쳤을까?
025 초고층 사옥 시대를 향한 종언
028 이치로적인 건축이란?
030 비극적인 양극화, 〈한 방을 노리는 작가vs샐러리맨 건축가〉
034 스타벅스부터 관을 만드는 일 ― 건축과의 콜라보레이션
041 새로운 중심 도시에 새로운 크리에이터가 모인다
045 도쿄가 무시당한 세 가지 이유
048 도시를 파괴한 맨션 문화와 상속세
052 작은 도쿄에 미래가 있다

제2장 「쉐어 야라이초」 ― 개인의 소유라는 덫
059 청춘이 모이는 아지트를 만들고 싶다
067 셰어하우스의 원점이 되는 1980년대의 주거 혁명 운동
070 수억 엔의 빚을 진 경험, 그리고…
074 개인의 소유라는 덫에 빠지다
076 강변 주변의 공장 지역에서 재미를 발견하다
080 셰어하우스를 도심의 고령자 시설로

제3장　　**가구라자카「TRAILER」— 유동하는 건축**

085　　오랜 지속이 옳다는 착각

090　　도심 속 빌딩 틈새에 만든 트레일러 하우스

096　　방랑하는 건축의 시작이 된 아프리카 조사

098　　단게 겐조를 향한 동경과 실망

101　　하라 히로시 선생님께 배운 것

104　　인터넷처럼 분산된 형태를 가진 아프리카 마을

106　　인생의 목표는 텐트의 느긋함을 만드는 것

제4장　　**기치조지「텟챵」— 목조로 된 매력적인 판잣집**

113　　가부키자, 도쿄중앙우체국과 어깨를 나란히 하는 텟챵

116　　의자, 벽, 천장에 뒤엉킨 '모자모자'

128　　목조 건축의 가치를 재차 발견하다

133　　피해 지역에 만든 목조 상점가

137　　건축가의 역량이란 싸구려를 아름답게 만드는 것

139　　코스트 의식이 결여된 건축가는 사회로부터 배제된다

제5장	**이케부쿠로 — 약간의 촌스러움이 최첨단**
147	세계 표준을 훨씬 뛰어넘는 시부야의 수직 도시화
152	다카라즈카가 이케부쿠로에 왔다!
158	타워형(수직)의 시부야, 스퀘어형(수평)의 이케부쿠로
161	저렴한 목조 아파트와 고급 맨션의 조화
168	위기를 기회로 — 소멸 가능성의 쇼크를 딛고 반격에 나서다
174	미나미이케부쿠로 공원의 리노베이션
178	이케부쿠로의 정체성을 형성하는 도덴 아라카와선
181	단지는 맨션이 잃어버린 무언가를 간직하고 있다
184	단지에 스며든 빌리지의 DNA
190	도시 재생에는 문화가 필요하다

제6장	**줄곧 좋아해온 도쿄**
199	도쿄에서 내쫓긴 1990년대
204	테마파크를 만드는 방식에 머무른 도시개발
206	도쿄역 건물의 복원과 마루노우치 재개발
211	지진 이후, JR 동일본이 변했다!
213	지역에 뿌리를 둔 회사는 강하다
216	롯폰기에 연결되는 하치오지와 도호쿠

222	본인이 직접 클라이언트가 되면 된다
228	르 코르뷔지에의 건축 같은 케이크
232	초고층 건물이 없는 도시에서 태어나는 새로운 워크 앤 라이프
237	도쿄가 성숙해진 계기가 된 코로나바이러스

246	**글을 마치며** 기요노 유미
252	**저자 인터뷰**
270	**역자 후기**
280	**참고 문헌**

프롤로그

구마 겐고   隈研吾

모든 일이 순조로울 때 인간은 좀처럼 배우려 하지 않는다. 게다가 관성에 휩쓸리기 쉬운 나태한 존재이기 때문에 자신을 바꾸는 일에도 서투르다. 그러다 정말로 끔찍한 일을 겪고 커다란 희생을 치른 뒤에야 인간은 비로소 변할 수 있다. 나를 돌이켜 보면, 끔찍한 일을 겪고 인생이 한차례 망가지고 밑바닥까지 떨어진 후에야 비로소 변할 수 있었다.

도시도 마찬가지다. 순조로울 때, 혹은 순조롭다고 착각할 때 도시는 좀처럼 변하지 않는다. 도시는 어쩌면 인간보다 더욱 바뀌기 어려운 존재일지도 모른다. 몸집이 거대한 도시는 약간의 변화만 발생해도 막대한 자금이 들어간다. 게다가 법률이나 소유관계 등에도 단단히 얽매여 있기 때문에 도시를 바꾼다는 것은 생각보다 훨씬 어려운 일이다.

그러나 오랜 역사 속에서 도시가 변할 수밖에 없었던 순간들이 몇 차례 있었다. 그것은 다름 아닌, 인간과 마찬가지로 도시가 끔찍한 일을 겪었을 때다.

시카고를 예로 들자면 1871년에 발생한 대화재로 인해 시가지에 있던 기와나 목조 건축물 대부분이 불에 타버렸다. 그런 막대한 희생을 치른 후에야 콘크리트와 철의 도시를 만들자는 흐름이 일어났다. 그로부터 철골 구조를 중심으로

한 '시카고파派'라는 새로운 건축 운동이 시작되었고, 이는 20세기 미국 도시의 원형으로 자리 잡았다.

이러한 '끔찍한 일' 중에서도 14세기에 유행한 흑사병은 도시의 변화에 지대한 영향을 주었다. 유럽에서는 이를 계기로 중세라는 시대에 종지부를 찍었고 그 후로 르네상스를 맞이하게 되었다.

흔히 '문화의 부흥'으로 번역되는 르네상스는 도시에도 큰 흔적을 남겼다. 중세의 도시는 한마디로 뒤죽박죽이었고, 좁고 비위생적인 거리는 흑사병의 온상이 되었다. 따라서 르네상스의 도시 계획은 정연한 거리 구조를 지향했으며(실제로 실현된 경우는 거의 없었지만), 도시의 기본 단위인 건축물 또한 정연함을 추구하였다. 당시 기독교가 흑사병으로부터 사람들을 구하지 못해 신뢰를 잃은 분위기도 한몫했다. 신에게만 의존하지 않고 스스로 생각하자는 흐름 속에서 수학과 과학이 중시되었고, 수학적으로 형태를 정리하고 치수를 계산한 르네상스의 건축과 도시가 역사 속에 등장한 것이다.

나는 흑사병에서 르네상스로 연결되는 이러한 흐름의 종착점이 20세기라고 생각한다. 정연하면서도 폐쇄된 '상자'를 점점 많이, 그리고 점점 크게 만드는 흐름이었다. 결국 우리는 그 흐름의 최종적인 형태가 현대의 초고층 빌딩이 난립하는 거대 도시라는 것을 쉽게 떠올릴 수 있다.

　여기서 가장 우선시된 기준은 '효율성'이었다. 폐쇄된 상자, 즉 인공적인 환경에 인간을 가두는 것이 효율적이라고 여겨졌고, 때로는 그것이 '행복'으로 정의되기도 했다. 대도시의 공장과 오피스 건물은 전형적인 상자의 모습으로, 그중에서도 챔피언은 초고층 건물이었다. 사람들은 전철이나 버스라는 상자에 갇힌 채 자연을 파괴하고 지어진 교외에 위치한 상자에 귀가한다. 그러한 행동 양식은 포스트 흑사병 시대를 살아가는 기본값이 되었다. 나는 이를 '거대한 상자 시스템'이라고 부른다. 그러나 이제 '거대한 상자 시스템'은 더 이상 효율적이지 않으며 오히려 스트레스의 원인이 될 뿐이다.

　'거대한 상자 시스템'에 이르는 인류사의 과정에는 앞서 말한 시카고 대화재(1871)뿐만 아니라 그 이전의 리스본 대지진(1755)으로 인한 도시 디자인 전환과 같은 역사적 사건들이 존재한다. 그러나 거시적으로 보면 이 사건들은 전염병 유행부터 초고층 건물에 이르기까지 커다란 흐름 속에 존재하는 작은 에피소드에 불과하다.

　2020년에는 코로나바이러스라는 전염병이 세계적으로 확산되었다. 포스트 흑사병 이후 변화 속에서 거대한 도시를 메운 인공적인 공간은 얼마나 허약하며, 인간의 본성과 얼마나 어긋날까. 코로나바이러스가 이제야 그 질문을 세상에 던진 듯했다. 코로나바이러스가 없었다면 우리는 포스트 흑사병의 관성에 사로잡힌 채 도시 속에 갇혀 효율성이라는 신화를 계속해서 짊어지고 있었을지도 모른다. 혹은 방향을 틀지도 못하며 자유를 잃어버린 스스로를 자각하지 못한 채 오히려 더 많은 거대한 상자를 쌓아 올리고 있었을지도 모른다.

특히 일본은 '거대한 상자 시스템'의 우등생이었다. 제2차 세계대전 이후 일본은 서구를 따라잡기 위해 거대한 상자를 만들며 끊임없이 달려왔다. 그런 열정의 밑바탕에는 과거 일본 도시가 거대한 상자와는 정반대였다는 점이 있다.

예를 들어 에도 시대(1603~1868)의 마을은 거리가 좁고 휴먼 스케일이었으며 목조 주택은 개방적이며 공과 사의 경계가 모호했다. 이는 거대한 상자와 극명하게 대비되는 모습이다. 에도 시대의 마을은 이러한 휴먼 스케일을 유지하면서도 그 어떠한 국가보다 위생적이었으며, 자원의 순환을 포함하여 효율성이 높은 도시 시스템을 구축했다. 그 덕분에 세계적인 거대한 상자화의 흐름에 휘말리지 않고 일본만의 독자적인 시스템으로 제2차 세계대전까지 살아남을 수 있었던 것이다.

그러나 전쟁에서 패배한 일본은 에도 시대의 시스템과 결별하고 '거대한 상자 시스템'을 따라잡기 위해 정치와 경제가 하나가 되어 질주하기 시작했다. 그 중심의 역할을 맡았던 주체는 바로 건설 산업이다. 건설 산업은 정치를 지탱하고, 정치는 다시 건설 산업을 떠받쳤다. 그렇게 전후의 일본은 효율성을 최우선으로 삼는 흐름으로 급격히 기울었다.

'거대한 상자 시스템'은 오피스 공간에 국한되지 않고 도시 전체의 공간 모델이 되었다. 교육도 마찬가지다. 학생들을 균질된 거대한 상자에 몰아넣어 '평등'하게 수업을 제공하면서도, 그와는 모순되는 '경쟁'에 내모는 것을 효율적이라고 여겼다. 그렇게 자라난 아이들은 그대로 기업이라는 거대한 상자에 또다시 편입되어 동일한 방식으로 치열한 경쟁 속에 내몰렸고, 일정 나이에 이르거나 '효율'이 떨어질 때가 되면 거대한 상자로부터 내팽개쳐졌다. 이러한 시스템이 인간에게 강요한 막대한 스트레스는 '효율성'이라는 이름 아래 계속해서 외면당했다.

일본 국민에 의한 '질주'가 특별했던 점은 '거대한 상자 시스템'이 전환점을 맞이했음에도 불구하고 여전히 모두가 계속해서 달렸다는 사실이다. 21세기는 경제의 저성장과 그 전제가 되는 고령화 사회의 도래로 인해 거대한 상자의 필요성이 본질적으로 퇴색되었다. 실제로 IT 기술의 발전 덕분에 거대한 상자에 갇히지 않더라도 우리는 충분히 효율적으로, 오히려 더 쾌적하고 자유롭게 일할 수 있게 되었다. 그럼에도 불구하고 일본인들은 폐쇄적인 거대한 상자에 집착해왔다. 여기에는 건설 산업의 '사무라이화'가 하나의 원인이라고 추측해본다.

전후의 일본이 건설 산업을 필요로 했던 것처럼 에도 시대 이전의 전국 시대는 무사, 즉 사무라이라는 무장 집단을 필요로 했다. 평화가 찾아온 에도 시대에 무사라는 집단은 더 이상 필요하지 않았지만 도쿠가와 막부(1603~1868)는 이들을 사회의 상위 계층으로 온존하며 떠받들었다. 이는 온정사회, 그리고 유독 관성에 강한 일본 특유의 부드럽지만 미적지근한 결단이었다.

이러한 일들은 쇼와 시대(1926~1989)에서 헤이세이 시대(1989~2019)에 걸쳐 반복되었다. 도시에 거대한 상자를 서둘러 정비해야 했던 쇼와 시대에는 건설 산업이 국가를 지탱했을 뿐만 아니라 사회 전체가 건설 산업을 필요로 했다. 전국 시대에는 마초적인 무사 집단이 필요했던 것처럼, 사회 시스템은 콘크리트와 철을 사용하여 크고 밀폐된 상자를 만드는 마초 집단을 필요로 했던 것이다.

그러나 지금은 어떠한가. 헤이세이 시대 이후,

쇼와 시대와는 완전히 뒤바뀐 저성장과 저출산, 그리고 고령화가 사회의 커다란 문제가 되고 있다. 그런 시대에 마초적인 건설 산업은, 마치 에도 시대의 무사 집단과 마찬가지로 더 이상 쓸모없는 존재가 되었다. 그럼에도 불구하고 막부(정부)는 건설 산업의 집단주의와 통제주의가 선거에서 강력한 집계 수단이 되기 때문에 건설 산업을 최대한 보호하고 우대해왔다.

    이는 지극히 일본적인 현상이다. 거대한 상자화는 근대에 등장한 세계적인 현상이지만 금융이나 IT처럼 '가벼운' 산업의 수익성이 더욱 높다는 사실을 깨달은 여러 나라들은 발 빠르게 그 흐름에서 벗어났다. 그러나 일본은 시대에 뒤처진 건설 산업을 맡아온 무사라는 사회 집단을 온존해온 탓에 거대한 상자화로부터의 졸업이 늦어졌다. 그 결과, 일본의 도시는 지금도 여전히 딱딱하고, 무겁고, 폐쇄된 상태로 머물러 있다.

    코로나 이후 도시의 테마는 '위생'이 아닌 '자유'다. 현대인에게 자유란, 상자에 갇힌 채로 같은 시간에 통근이나 통학을 하는 것이 아닌, 원하는 시간에 좋아하는 장소에서 일하고, 자고, 이동하는 것이다. 현대 기술은 이미 우리에게 그러한 자유를 제공하고 있지만 도시, 그리고 건축이 여전히 방해하고 있다.

나를 포함한 건축 설계자들 또한 오랫동안 무사였다. 시대에 뒤처져 더 이상 필요 없는 사회 집단이라는 새로운 현실을 인지하지 못한 채, 자신만의 미학을 일본도처럼 갈고 닦으며 내부에서만 통할 뿐인 윤리관을 타인에게 강요하며 우쭐대고 있다. 남의 돈으로 건축을 만드는 주제에, 현실 사회로부터 일감을 받는 주제에, 그 현실을 얕잡아보며 자신의 미학과 윤리가 우월하다고 착각하고 있다.

나는 그러한 사실을 깨달은 뒤, 직접 자그마한 가게를 시작했다. 젊은 동료들과 셰어하우스를 만들고 그 옥상에는 채소를 심었다. 나무로 된 트레일러 하우스를 디자인하고 실제로 그 트레일러 하우스를 이동식 식당으로 운영했다. 작은 공장이나 시골 장인들과 직접 소통하며 함께 새로운 소재에 도전하고 셀프 메이드 건축의 가능성을 탐색했다. 그리고 폐자재를 수집하고 재활용하는 사람들과 교류하며 폐자재가 주인공이 되는 건축을 만들기 시작했다. 거대한 상자의 외부에 있는 개방적인 장소, 그곳에서 살아가는 자유로운 사람들과 함께 일하고 생활하면서, 나는 자유로움이 무엇인가를 비로소 체감할 수 있었다.

코로나 이후 맞이한 미지의 시대를 어떻게 살아가야 할까. 그 새로운 땅 위에는 어떤 도시를 만들어야 할까. 그런 질문에 내가 겪은 자그마한 경험들이 무언가를 답해주고 있다. 이 책은 이에 대한 구체적 힌트를 기요노 유미 씨와 함께 고민하고 탐색한 결과물이다. 흑사병으로부터 약 700년이 지난 지금, 우리는 역사의 커다란 반환점에 서 있다.

제1장 도쿄는 어쩌다
세계 중심 도시가 될
기회를 놓쳤을까?

초고층 사옥 시대를 향한 종언

기요노 서문을 읽고 깜짝 놀랐습니다. 마치 불우하면서도 순진한 건축 청년의 글 같더군요. 구마 씨는 「국립경기장」(2019)[1], JR 동일본의 새로운 역 「다카나와 게이트웨이역」(2021)[2], 그리고 시부야역과 직결된 초고층 재개발 빌딩 「시부야 스크램블 스퀘어(동관)」(2019, 이하 시부야 스크램블 스퀘어)에도 참여하는 등 도쿄라는 대도시에서 두드러진 활약을 펼치고 있잖아요. 지금까지 이러한 프로젝트를 담당한 '경지에 도달한 건축가'와는 사실 거리가 멀어 보이는 내용이었거든요.

구마 아직 풋내기 건축가일 뿐입니다.

기요노 최근 '구마 겐고'의 상징성은 굉장합니다. 2018년 9월에 오픈한 「빅토리아 앤 앨버트 뮤지엄 던디」[3]를 시작으로 국내외의 러브콜이 끊이지 않죠. 인터넷을 검색해보면 '일본의 거장'이라는 표현까지 등장하고요.

구마 건축이 존재하는 장소와 재료에 대한 섬세함을 추구하지만 '일본의 거장'은 아니에요.

기요노 자, 본론으로 들어가 볼까요? 이 책은 『신 도시론 TOKYO』[1](이하 신 도시론), 『신 무라론 TOKYO』[2](이하 신 무라론)에 이은 도시론 시리즈의 제3탄입니다.

제1장

『신 도시론』[1] 이후 12년, 『신 무라론』[2] 이후 9년이 지나면서 도쿄를 둘러싼 상황도 다이나믹하게 변했습니다. 2008년에는 리먼 쇼크, 2011년에는 동일본 대지진이 있었죠. 그 전후로는 세계적으로 금융이 주도하는 '탐욕 자본주의'가 만연했고, 사회의 격차가 확대되는 한편 구글, 아마존, 페이스북, 애플 등 이른바 'GAFA'가 거대해지며 '감시 자본주의'로 불리는 새로운 권력 구조도 출현했습니다. 그리고 2020년에는 도쿄 올림픽/패럴림픽(이하 도쿄 올림픽)이 개최…될 예정이었으나 전 세계가 코로나바이러스라는 역사적 재난에 직면하였습니다.

구마 우리들은 참으로 어려운 시대를 살아가고 있네요.

기요노 『신 도시론』을 준비하던 당시 「롯폰기 힐즈」(2003), 「도쿄 미드타운」(2007), 그리고 시오도메 재개발 등으로 대표되는 초고층 개발이 활발히 진행되면서 도쿄는 새로운 도시로 변모하는 전환점에 있었습니다. 그러나 사람들에게 익숙했던 거리 풍경이 하루아침에 흔적도 없이 사라지면서, 초고층 개발에 대한 강한 거부감이 들기도 했습니다. 그럼에도 불구하고 장 누벨이 설계한 「덴쓰 본사 빌딩」(2002)만은 굉장히 아름다운 초고층 건축이었습니다. 지금도 변함없이 그렇게 생각하지만, 시대가 변하면서 이마저도 도쿄에

---

1 『新·都市論TOKYO』, 集英社新書, 2008.
2 『新·ムラ論TOKYO』, 集英社新書, 2011.

수없이 늘어선 건물 중 하나가 되어버린 듯합니다. 2000년대만 해도 세계적으로 잘 알려진 기업이 도심에 초고층 사옥을 세우는 일은 기업의 위상과 브랜드 가치를 높이는 행위였습니다. 그러나 IT 혁명이 심화되면서 이에 연연하지 않는 신세대 경영자들이 세계를 제패하게 되었죠. GAFA의 미국 본사 건물도 도심 속의 초고층 빌딩 안에 있지 않으며, 일본 내 본사 또한 초고층 빌딩 안에 있긴 해도 자사 건물이 아닌 테넌트죠. 주로 스타트업이나 프리랜서를 대상으로 발전했던 당시의 공유오피스도, 이제는 비용 상승을 꺼리는 대기업까지 적극적으로 활용하는 공간이 되었습니다.

구마 코로나 사태를 겪으면서 점점 '초고층 빌딩 안에서 아침부터 밤늦게까지 높은 강도로 일하는 방식'을 시대에 뒤처진 것으로 여기고 있습니다. 제 사무실에서 일하는 대부분의 젊은 직원들조차 '야근이란 있을 수 없다'고 생각하니까요.

기요노 과거의 건축설계사무소는 지적이라는 이미지와 동시에 열악한 노동 환경의 대표 사례이기도 했죠.

구마 저희 세대 건축가들은 아침부터 밤늦게까지 일하는 것을 당연하게 여겼죠. 그만큼 몰입해서 일하는 게 재미있었고, 나만의 건축을 진지하게 탐색하는 일이기도 했으니까요. 하지만 지금은 젊은이들의 방식도 좋다고 생각해요.

과로사할 정도로 야근하면서 좋은 건축을 만들라는 것은
무사의 길과 다를 게 없잖아요. 도시도, 건축도, 회사도 이제는
'무사의 시대'의 종말을 맞이했다고 봅니다. 그야말로
'무사여 잘 있거라', '굿바이 사무라이'의 시대입니다.

이치로적인 건축이란?

기요노   구마 씨의 '무사여 잘 있거라'는 헤밍웨이의
『무기여 잘 있거라』를 패러디한 것입니다만, 여기서 말하는
'무사'란 '샐러리맨'을 비유한 건가요?

구마   집단주의적이라는 의미로는 '예스'입니다.

기요노   구마 씨가 정의하는 '샐러리맨'이란 무엇인가요?

구마   집단의 존속을 최우선의 목표로 삼고, 그 목적에
눈치를 보며 개인적인 결정을 내리는 사람들입니다.
흔히 회사원으로 근무하는 샐러리맨이 아니더라도 대다수의
일본인은 샐러리맨다운 행동 양식을 지니고 있어요. 제가
몸담고 있는 건축업계만 해도 개인으로 활동하는 건축가들조차
집단주의적인 행동 양식을 보입니다. 건축가라는 집단이
쌓아온 가치관, 미학, 행동 양식을 결코 벗어나려고 하지 않죠.

기요노   그런 사람들의 '내부에서만 통할 뿐인 윤리관을
타인에게 강요하며 우쭐댈 뿐이다'라는 장면은 구체적으로

무엇인가요?

구마 아니, 사실 일본 샐러리맨들은 그렇게 거만하지 않고 오히려 정중하고 친절하죠. 그게 가장 골치 아픈 일이지만요.

기요노 이해합니다. 허리를 낮추고 '선생님'이라는 호칭으로 다가오지만 정작 중요한 순간에는 놀랄 정도로 융통성도 의리도 없고, 게다가 친절하지도 않죠.

구마 혹시 개인적인 원한이라도…?

기요노 남성 중심 사회에서 일하다 보면 자주 겪는 일이니까요. 그래도 전후 고도경제성장기에는 그런 샐러리맨이 필요했기 때문에 이를 뒷받침하는 종신고용제와 연공서열을 중심으로 남성 중심 사회가 견고해진 거죠.

구마 그 특징이 유난히 응축된 것이 종합건설사를 비롯한 중후장대重厚長大 산업입니다. 그 결과, 건축가라는 '아티스트'도 돈을 버는 시스템 속에 편입될 수 있었죠.

기요노 하지만 21세기에 일본 경제의 커다란 성장을 기대하기란 어렵네요. 그렇다면 건축가의 역할도 변해야겠죠?

구마 당연히 변해야죠. 저는 오랫동안 건축을 해오면서 건축이란 단독의 작품을 만드는 행위가 아닌 '지속적인 노력' 이라고 생각하게 되었습니다. 하나의 건축물이 완성되면 반드시 반성이 따르게 되고 다음의 과제가 보입니다. 이를 다음 기회에 반영하고 또다시 과제와 반성…, 그렇게 끊임없이

되풀이하며 한 계단씩 올라갑니다. 이처럼 생존을 위한 활동을
반복하는 것이 건축이며, 이를 지치지 않고 계속해나가는 것이
우리들의 역할이라고 생각합니다.

<u>기요노</u>　'건축'에 '야구'를 대입해보면, 마치 이치로 선수의
발언처럼 들리네요.

<u>구마</u>　그럴지도요. 아사히신문의 건축 담당기자인 오오니시
와카토 씨는 저의 건축을 '이치로답다'고 평가했더군요. 스포츠
선수는 살아남기 위해 신체라는 섬세한 도구를 사용하기 때문에
지속의 가치를 잘 아는 사람이 많고요. 홈런 한 방으로 끝나는
것이 아니라 지속할 수 있어야 일류가 될 수 있으니까요.

비극적인 양극화,
〈한 방을 노리는 작가 vs 샐러리맨 건축가〉

<u>기요노</u>　건축이라고 하면 흔히 콘크리트나 목재 같은 물질적
덩어리를 떠올리게 되는데, 구마 씨는 '지속적인 노력'을
비물질적인 것으로 인식하고 있군요.

<u>구마</u>　IT 혁명 이후, 고도의 정보화 시대에 접어든 세상은
촘촘히 연결된 하나의 시스템이 되었습니다. 빅데이터나
AI와 같은 기술 혁신의 속도는 상상을 초월할 수준이라 어제만
해도 새로웠던 디자인이나 기술이, 오늘에는 이미 진부해지고

맙니다. 그런 시대 속에서 역할이나 방법론을 고정해둔다면 건축가는 살아남을 수 없죠. 이치로 선수도 자기 신체의 노화나 상대 투수의 변화에 세밀하게 대응했기 때문에 오랜 시간 초일류 선수로 활약할 수 있던 거고요.

<u>기요노</u>　건축가가 '아티스트'나 '선생님'의 위치에 있으면 프로젝트가 제대로 진행되지 않나요?

<u>구마</u>　거들먹거리는 사람이라면 어렵죠. 예를 들어 「국립경기장」의 경우, 설계와 시공의 통합디자인 빌드이라는 틀 안에서 저는 종합건설사인 다이세이켄세츠大成建設와 대형 설계사무소인 아즈사셋케이梓設計와 팀을 꾸려 공모전에 참여했습니다. 거장으로 불리던 예전 세대의 건축가들은 이러한 방식을 부정하는 경우가 대부분이었죠.

<u>기요노</u>　디자인 빌드란 어떤 구조인가요?

<u>구마</u>　간단히 설명하면 종합건설사가 건축물의 디자인을 포함해서 클라이언트와 일괄 계약을 맺는 방식입니다. 즉 건축가에게는 종합건설사의 하위에서 설계를 맡아야 하는 위계 관계가 생기고 말죠. 아티스틱한 예전 세대의 건축가들에게는 좀처럼 견디기 어려운 부분입니다. 그들은 '종합건설사가 건축가보다 위에 있는 건 말이 안 된다'라는 의식이 있기 때문이죠.

<u>기요노</u>　음…, 그 마음도 이해되는걸요.

구마   IT 혁명으로 세계의 흐름이 크게 바뀌면서, 이제 건축가 한 사람이 신처럼 위에서 건축 시스템을 컨트롤하는 방식은 더 이상 기능하지 않습니다. 애초에 그러한 모델이 생겨난 것은 19세기 유럽이고, 더욱 거슬러 올라가면 르네상스 시대의 이탈리아 건축가 알베르티에서 그 기원을 찾을 수 있죠. 고전적인 건축가 모델을 지금 같은 IT 시대에 적용하는 것은 무리입니다. 현실을 직시하고 적응해나가지 않으면 시민들에게 사랑받는, 현실에 걸맞은 건축을 만들 수 없습니다.

기요노   새로운 시대에는 다양한 설계 방식이 허용될 수도 있겠군요.

구마   저도 디자인 빌드 방식만을 고집하는 건 아닙니다. 제 팀이 리더가 되어 비용 관리부터 설계, 감리까지 모든 것을 담당하는 경우도 있으니까요. 프로젝트의 특성과 장소에 알맞은 방법을 항상 모색하고 있습니다.

기요노   학생 시절에 아틀리에_{개성과 예술성을 중시하는 부류} 계열의 건축 사무소에서 아르바이트를 했던 분에게 들은 이야기입니다. 그곳은 업계에서 명성이 자자한 건축가의 사무소였지만 돈이 없어서 선생님과 직원들 모두 인스턴트 라면만 먹고 지냈다고 하더군요. 이를 보고 '건축가란 먹고살기 어렵구나'라고 충격을 받은 후에 진로를 바꾼 듯합니다.

구마   먹고살기 어려우면 본인이 직접 기획하고 하찮은 일이라도 작업을 만들어내면 되는데 아티스트를 지향하는 사람들은 기본적으로 '부디 선생님께…'라며 작업 의뢰가 들어오는 날을 기다릴 뿐입니다. 고도경제성장기만 하더라도 건축가들은 그렇게 '선생님' 소리를 들으며 생계를 유지할 수 있었습니다. 그러나 성장이 끝나고 수요가 줄어들었음에도 불구하고 자신만의 미학을 고집하며 거만한 태도를 유지하고 있으니, 먹고살기 어려운 건 당연하죠.

기요노 예전이라면 통용됐던 위계나 가치관은 더 이상 통하지 않죠. 이러한 고통스러운 현실은 건축가에만 국한된 것이 아닌 모든 직업군에서 공통된 문제라고 생각해요.

구마 무사의 세계관을 따르던 건축가는 아티스트를 롤모델로 삼았습니다. 그렇기 때문에 눈에 띄는 '작품'을 만들어 '동료'만을 우대하는 배타적인 건축 잡지에 실리는 것을 인생 최대의 목표로 삼아왔죠. 건축이 '작품'이 되기 위해서는 여러 무리수를 두어야 합니다. 그렇게 한 방을 노리거나, 극단적으로 리스크를 회피하는 샐러리맨 건축가가 되거나, 둘 중 하나를 선택할 수밖에 없는 현실이 현재 일본과 도쿄가 마주한 비극입니다.

기요노 21세기를 규정하는 양극화 현상은 곳곳에서 일어나고 있군요. 이대로라면 도시는 활기를 잃어버리고 말 거예요.

구마 전 세계를 둘러보아도 모든 직업은 20세기를 대표하는 고정 관념과는 다른 방식으로 존재하고 있습니다. 그러니 힘든 시대인 거죠. 하지만 세계는 예전부터 그렇게 변화를 반복해왔으니 전혀 비관적으로 생각하지 않아요.

기요노 권위에 대한 환상도 점점 무너지고 있죠. 그나저나 구마 씨도 '선생님' 중 한 분이잖아요. 권위의 붕괴로 인해 일이 원활하지 않은 경우도 있지 않나요?

구마 그렇지 않아요. 오히려 자유롭게 생각할 수 있고, 이렇게 하고 싶은 말을 할 수도 있는걸요.

스타벅스부터 관을 만드는 일
— 건축과의 콜라보레이션

기요노 불과 얼마 전까지만 해도 도쿄라는 도시의 큰 화젯거리는 도쿄 올림픽 개최와 그에 앞서 폭발적으로 늘어난 관광객이었죠. 구마 씨도 우여곡절 끝에 실시된 「국립경기장」의 공모전에 선정되면서 많은 관심을 받았습니다. 무엇보다 앞선 두 권의 책을 출간했을 때만 해도 외부의 비평자였던 구마 씨가, 지금은 당사자가 되었고요. 이러한 입장 전환은 의미가 크다고 생각합니다.

구마 그렇다고 하더라도 제 마음은 그대로인걸요.

기요노 코로나를 겪은 이후에는 어땠나요?

구마　커다란 변화는 없어요. 오히려 '상자'로부터 벗어나고 싶다는 생각이 더욱 강해졌을 뿐입니다.

기요노　사실 이번 도시론의 출발점은 「국립경기장」이라고 생각했지만…. 오히려 2019년 2월에 오픈한 「스타벅스 리저브 로스터리 도쿄」(이하 스타벅스 로스터리)[4]를 이야기해볼까 합니다. 이는 스타벅스가 시애틀, 상하이 등에 글로벌하게 오픈하는 새로운 전략형 매장이죠. 나카메구로에 위치한 이 매장은, 어떤 의미로는 「국립경기장」보다 중요한 '21세기에 걸맞은 건축'이라고 생각했습니다.

구마　오, 정말요? 이유가 궁금하네요.

기요노　「스타벅스 로스터리」를 보고 나니, 구마 씨가 늘 이야기해온 협업이 매우 이해하기 쉽고 재미있게 와 닿았기 때문이에요. 외관 디자인은 구마 겐고 건축도시설계사무소, 인테리어는 스타벅스 본사의 디자인팀이 담당했죠. 이 프로젝트는 건축가 '선생님'과 자본을 담당하는 클라이언트라는 전통적인 관계가 아닌 양측이 대등하게 협력하면서 도쿄의 새로운 풍경을 만들어가는 건축의 모습을 보여줍니다. 20세기를 상징해온 '효율'과 '이익'을 대체하는, 21세기의 중요한 키워드인 '협업'이 구체적으로 드러난 사례라고 생각합니다.

구마　그렇군요.

「스타벅스 리저브 로스터리 도쿄」(2019) (Photo : Masao Nishikawa)

기요노   건축가 구마 겐고는, 소설가 무라카미 하루키와도 닮아 있어요. 이를테면 무라카미 씨의 『기사단장 죽이기』5)는 굉장한 스토리와 문장 감각, 훌륭한 완성도를 갖춘 흥미로운 작품입니다. 하지만 소설의 모티프들은 모두 자기 모방… 이라고 하면 오해를 살 수 있겠지만, 기시감을 자아내는 모티프들의 조합이 한층 능숙해졌다는 느낌이 들었습니다. 구마 씨도 세계적으로 60개 이상의 프로젝트를 동시에 진행하다 보니 그와 비슷한 경향을 부정할 수 없겠죠. 그러나 스타벅스는 달랐습니다. 거기서 일정 수준의 평가를 얻은 예술가가 고유의 양식을 획득한 이후에는 누군가와 협업하지 않으면 새로운 지평으로 도약하기란 어렵다고 느꼈어요. 소설에서는 그런 협업이 어렵겠지만 건축은 그게 가능하죠.

구마   애초에 건축은 소설보다 틀이 훨씬 느슨하다 보니 협업이 쉬운 분야일지도 모르겠네요. 저는 원래부터 협업을 좋아했고, 특히 동일본 대지진 이후로는 의도적으로 그 틀을 더 넓혀왔어요. 가구나 패브릭처럼 건축과 친근한 것부터 식기, 운동화 등의 상품 디자인과 개발에 참여하면서 지금까지 만들어진 저의 틀을 자연스럽게 깨뜨릴 수 있었죠. 이번에는 관棺桶을 만들어볼 생각입니다.

기요노   네? 관이요?

구마   저도 처음에는 '뭐? 관이라고?'라고 생각했지만 재미있지 않아요? 나도 언젠간 들어갈 수도 있으니까요(웃음).

기요노 구마 씨는 사무소 옆에 위치한 절에 모던하게 디자인한 본인의 묘지를 준비해놨고, 버블 시대의 대표작이라고 할 수 있는 「M2」(1991)⁶⁾ 또한 원래는 자동차 쇼룸이었지만 현재는 장례식장으로 운영되고 있죠. 다시 생각해보니 잘 이어지고 있네요.

구마 저는 노인 요양 시설도 설계하고 있으니, 인생의 시간축으로 보면 전혀 이상하지 않죠.

기요노 그렇네요. 그나저나 구마 씨에게 관을 의뢰하다니, 용기 있는 회사네요.

구마 도대체 무슨 생각이었을까요?

기요노 예전에 그래픽 디자이너인 하라 켄야 씨가 기획한 전시회 〈RE DESIGN—일상의 21세기〉⁷⁾에서는 바퀴벌레 트랩ゴキブリホイホイ을 선보였죠.

구마 맞아요. 전시회를 위한 개념적인 시도였기 때문에 바퀴벌레 트랩이라도 재미있을 거라 생각했어요.

기요노 반투명한 접착테이프를 원하는 길이만큼 잘라 네모 상자처럼 돌돌 말아 바퀴벌레를 유인하는 구조로, 포스트모던의 한계를 능가하는 엄청난 바퀴벌레 트랩이었죠. 이야기를 되돌려 「스타벅스 로스터리」는 어떤 방식으로 제안이 들어왔나요? 처음부터 '내부는 우리가 할 테니, 외관을 맡아주면 좋겠다'는 식의 요청이었나요?

구마   그렇습니다. 스타벅스의 입장에서 저는 후대譜代-에도 시대 쇼군을 세습적으로 섬긴 무사 집안 건축가일 뿐입니다. 2011년, 후쿠오카에 「스타벅스 다자이후 텐만구 오모테산도점」을 설계한 이후, 미국 스타벅스 본사에 초청되어 그곳의 디자인팀과 이야기를 나눈 적이 있어요. 멤버가 상당히 많은 대규모 팀이었는데, 전 세계에 있는 스타벅스 매장의 디자인 콘셉트와 설계의 대부분을 거기서 맡고 있더군요.

기요노   그 팀은 시애틀 본사 내부에 있나요?

구마   본사 내부에 있으며 분위기는 크리에이티브한 건축사무소 같았어요. 모형부터 직접 만들기 시작했고, 어질러져 있던 샘플들을 보니 마치 우리 사무실 같다는 친근감을 느꼈네요. 매장의 신규 사업이나 리뉴얼 등 연간 3,000건을 그 팀이 맡고 있다고 들었어요. 그런 역동적인 팀워크를 접하고 나니 세계로 진출하는 스타벅스의 에너지원이 무엇인지를 알 수 있었습니다.

기요노   역시 세계를 석권한 프랜차이즈군요.

구마   나카메구로의 「스타벅스 로스터리」에서는 그 디자인 부서를 총괄하는 아트 디렉터, 리즈 뮐러 씨와 함께 작업했습니다. 리즈 씨는 네덜란드 출신 여성으로, 한때 남아프리카에서 건축사무소를 운영하는 등 세계 곳곳을 떠도는 방랑자 같은 사람입니다. 그런 사람과 함께 디자인한다면 분명히 재미있는 결과가 나올 거라고 생각했죠.

기요노   이야기를 듣고 나니 이해가 되네요. 제가 「스타벅스 로스터리」를 보고 '구마 건축의 새로운 지평'이라고 생각한 것은 종래의 구마 씨의 디자인과는 약간은 다른 여성성이 공간 전체에 깃들어 있다고 느꼈기 때문이에요. 요즘은 '정치적 올바름' 때문에 여성성, 남성성이라는 단어를 강조해서는 안 되지만, 그럼에도 스타벅스 로스터리의 인테리어를 보면 섬세한 부드러움과 다정함이 느껴지거든요. 벽면에 컵이 박혀 있거나 스타벅스 리저브 매장에서 취급하는 희귀 원두의 이름이 적힌 카드가 귀엽게 진열되어 있죠. 그런 부드러움과 구마 건축이 지니는 단단한 느낌이 연결된 조화로움이 좋더군요. 반면 도쿄에 구마 씨가 외장 및 인테리어 디자인 감수를 맡은 호텔 「ONE@Tokyo」(2017)는 결국 전체적으로 딱딱한 느낌이에요.

구마   리즈 씨는 스타벅스 디자인팀 이외의 사람도 자유롭게 발탁했어요. 4층 발코니에 놓인 가구는 그녀의 친구인 덴마크 디자이너가 만들었습니다. 그런 식의 틀을 허무는 방식이 좋더군요. 일반적으로 인하우스 디자인팀은 내부 인원들끼리 뭉치는 경향이 있는데, 스타벅스와의 작업에서는 느슨한 협업이 이루어져 흥미로웠습니다.

기요노   그러한 유동성이야말로 인터내셔널한 감각이죠.

구마   맞아요. 글로벌이 아닌 인터내셔널, 정확히 말하자면 월드와이드죠. 글로벌은 세계의 미국화를 돌려 말한 표현이지만 월드와이드는 말 그대로 여러 나라의 사람들이 상호작용하면서 때로는 벽을 허물어가는 과정이니까요.

새로운 중심 도시에
새로운 크리에이터가 모인다

기요노   책의 논점을 다시 생각해보기 위해 큰 흐름부터 짚어보고자 합니다. 테마는 바로 '도쿄는 어쩌다 세계 중심 도시가 될 기회를 놓쳤는가?'입니다. 하나의 보조선으로 자크 아탈리의 『21세기 이후의 역사』[8]가 있습니다. 여기서는 13세기에 유럽에서 자본주의가 출현한 시점부터 세계중심 도시(이하 중심 도시)가 어떻게 변화했는지를 역사적으로 조망합니다. 거기에 등장하는 중심 도시를 시간순으로 정리하면 다음과 같습니다.

①	브뤼헤 (벨기에)	1200~1350년
②	베네치아 (이탈리아)	1350~1500년
③	앤트워프 (벨기에)	1500~1560년
④	제노바 (이탈리아)	1560~1620년
⑤	암스테르담 (네덜란드)	1620~1788년
⑥	런던 (영국)	1788~1890년
⑦	보스턴 (미국)	1890~1929년
⑧	뉴욕 (미국)	1929~1980년
⑨	로스앤젤레스 (미국)	1980년~

구마 모두가 잘 알려진 세계 도시들로, 변천 과정에 대해서는 별다른 이견은 없습니다. 하지만 아탈리가 말하는 중심 도시의 기준은 무엇인가요?

기요노 아탈리의 정의를 요약하자면, 중심 도시란 '크리에이터 계층이 새로움과 발견에 대해 열정을 불태우는 장소'입니다.

구마 아주 중요한 정의네요.

기요노 그렇다면 '크리에이터 계층'이란 무엇일까요. 역사적으로는 해운업자, 기업가, 상인, 기술자, 금융업자, 예술가, 지식인 등 도시가 발전하는 원리를 견인한 사람들을 가리킵니다.

구마 그것도 맞는 말이네요.

기요노 세계사에 따르면 자본주의가 출현한 시점은 13세기의 브뤼헤입니다. 이곳에서는 플란데런 지방의 철, 양모, 유리, 보석과 동방, 인도, 중국의 향신료 교역이 활발하게 이루어졌습니다. 이러한 배경에는 한자동맹과 독일, 프랑스 이탈리아의 농산물 시장도 있고요.

14~16세기에는 베네치아가 해운과 교역을 장악했고 16~18세기에는 그 중심지가 안트베르펜, 제노바, 암스테르담으로 옮겨갑니다. 특히 안트베르펜이 급부상하는 배경에는 현대의 IT 혁명에 맞먹는 활판 인쇄 기술의 발명이라는 기술 혁신이 있습니다. 또한 현대의 안트베르펜, 제노바, 암스테르담 모두 조선 기술의 발전과 함께 큰 힘을 발휘했습니다.

그 이후에는 18세기 말에 일어난 산업혁명을 계기로 도시의 번영은 영국으로 무대가 옮겨졌으며, 19세기 말에는 미국 동부에서 일어난 내연기관의 혁명을 계기로 그 중심은 다시 유럽에서 미국으로 바뀌었습니다.

20세기에는 전기를 통해 뉴욕이 세계의 패권을 장악하였고, 20세기 후반부터는 IT 혁명의 거점 도시로서 로스앤젤레스가 세계의 중심으로 부상했습니다.

구마   이렇게 보면 도시란 그 시대의 첨단 기술과 함께 호흡하며 발전했다는 사실을 알 수 있네요.

기요노   중심 도시의 변천은 전쟁 같은 폭력이나 공격에 의해 일어나는 게 아닙니다. 새로운 중심 도시는 이전의 중심 도시와는 다른 경제와 문화의 성장 원리를 가진 도시를 말합니다.

도시의 성장 원리가 바뀌면 그 활력을 이끄는 크리에이터 계층도 함께 교체됩니다. 아탈리에 따르면, 새로운 중심 도시는 새로운 크리에이터 계층이 자유, 자금, 에너지, 정보를 가지고 들어와 새로운 경제 기반을 구축하고, 이를 통해 새로운 상품을 대량 생산하여 세계로 확산시켜 나가는 방식으로 발전해왔습니다.

구마   그 변천 과정에 도쿄는 없나요?

기요노   그게 바로 핵심이에요. 사실 도쿄는 1980년대 후반, 뉴욕과 로스앤젤레스의 시기 사이에 세계의 중심이 될 수 있는 기회를 가졌다고 아탈리는 말합니다.

구마   버블 경제 시절 일본의 기세는 대단했죠.

기요노   그러나 도쿄는 중심 도시가 아니었다…, 정확히 말하자면 될 수 없었던 거죠. 1980년대, 도쿄는 뉴욕이라는 중심 도시의 자리를 빼앗을 기회가 있었음에도 불구하고 놓쳐버렸고, 결국 그 자리는 로스앤젤레스에 넘어갔습니다. 그렇다면 로스앤젤레스 다음으로 태평양을 건너 도쿄가 부상했으면 좋았을 텐데, 그 이후로 중심 도시의 흐름은 일본을 지나쳐 중국과 동남아시아 쪽으로 넘어갔습니다. 참으로 안타까운 흐름입니다.

도쿄가 무시당한 세 가지 이유

구마   그 이유에 대해 아탈리는 어떻게 분석하나요?

기요노   물론 중국의 본격적인 대국화大國化 같은 국제 정세의 변화도 있습니다만, 아탈리는 일본 국내의 문제로서 세 가지 이유를 말합니다. 각각의 논의를 요약하면 다음과 같습니다.
첫 번째는 '탁월한 기술적 역동성을 지니고 있었음에도 불구하고 기존 산업 및 부동산에서 발생하는 초과 이익과 관료 주변의 이익을 지나치게 보호했다'.
두 번째는 '장래성이 있는 산업, 혁신, 인간공학과 관련한 산업을 희생해왔다. 특히 정보공학 분야'.
세 번째는 '근대에 대한 강한 동경이 있었음에도 불구하고 관료의 배타적인 특권 계급 제도를 집요하게 복구시키며, 그 권력에 위압을 느끼면서도 과거의 영광에 대한 향수에 빠져 있었다'.

구마   아탈리는 미테랑 정권에서 정치 고문을 맡았으며 사르코지, 올랑드, 마크롱 등 역대 프랑스 대통령과도 관련이 있는 인물이죠. 아주 정확히 꿰뚫고 있네요. 여담이지만 제 건축에 흥미를 보인 그와 함께 파리에서 식사한 적이 있어요. 그를 통해 인도를 중심으로 활약하는 텍스타일 디자이너 지인을 소개받고 협업에 대한 가능성까지 이야기를 나누었지만 아직까지 별 소식은 없네요.

기요노 구마 씨의 화려한 사교 활동의 한 장면이네요.

구마 그나저나 1980년대에 도쿄가 지녔던 활기와 자금력을 제대로 활용했더라면 도쿄를 더욱 흥미로운 도시로 만들 수 있었을 텐데 아쉽네요.

기요노 맞아요.

구마 재력과 기세가 넘쳐나던 시기의 일본의 도시 디자인과 건축 리더들은, 쉽게 말해 너무 낡은 사고방식을 갖고 있었습니다. 요컨대 제가 말하는 '무사', '사무라이'였던 거죠.

기요노 그 시절 일본의 대표적인 디벨로퍼 기업들은 뉴욕의 록펠러 센터를 사들였죠. 덤으로 세계의 반감까지도요.

구마 새로운 사업을 개척하지 않은 채 기존의 권위를 비싼 값에 사들이고 난 뒤, 버블이 꺼지자 결국 록펠러 센터 내부 건물의 대부분을 매각했죠.

기요노 그야말로 아탈리가 말한 '기존 산업 및 부동산에서 발생하는 초과 이익'만을 노린 결과, 보기 좋게 실패한 거네요.

구마 기존의 가치관에만 얽매였을 뿐, 스스로 새로운 가치를 만들어야겠다는 자신감이나 의욕을 가진 사람이 일본에는 없었습니다. 창조적이어야 하는 건축가나 디자이너조차, 제가 말하는 글러먹은 '무사'와 다를 게 없었습니다. 반대로 말하면 저는 버블 시대의 선배들을 바라보며 '저렇게 해서는 안

되겠다'고 느낀 후 외부로 뛰쳐나갔습니다. 그런 의미에서는 좋은 반면교사가 되었네요.

기요노 아탈리가 언급한 두 번째 이유, '장래성이 있는 산업, 혁신, 인간공학과 관련한 산업을 희생해왔다'는 점도 이어집니다. 흔한 이야기지만 아이폰, 아이팟 같은 애플 제품들, 특히 초기 모델에는 일본산 고성능 부품이 50% 이상 사용되었다고 하죠. 일본의 유능한 제조업체의 기술자들은 '저 정도는 별것 아니다'라고 말해왔지만, 정작 그들은 세상에 내놓지 못했습니다. 문제는 부품의 생산 능력이 아닌 '전화도 되는 컴퓨터'라는 휴대폰의 혁신을 창출하지 못했다는 사실이죠.

구마 1980년대에 유럽과 미국을 여행하다 보면 소니나 혼다의 브랜드 파워를 피부로 느낄 수 있었습니다. 전 세계가 일본 제품을 동경하던 시절이 있었고, 여전히 그 영광에서 벗어나지 못하고 있습니다.

기요노 그야말로 '탁월한 기술적 역동성을 지니고 있었음에도 불구하고 기존 산업 및 부동산에서 발생하는 초과 이익과 관료 주변의 이익을 지나치게 보호했다'는 거군요. 특히 구마 씨는 건축계 내부에서 '부동산에서 발생하는 초과 이익'에 대한 문제점을 줄곧 지적했죠.

제1장

도시를 파괴한 맨션 문화와 상속세

구마 전후에 '토지의 사유'라는 개념이 '발명'되고 난 뒤, 일본 전체가 그 유행병에 감염되면서 쇠퇴하기 시작했다고 봅니다. 토지의 사유는 '자가 주택에 대한 열망'을 말하며, 그 바탕에는 토지 가격이 영원히 오를 거라는 신화가 있었죠. 현재는 지방이나 도시 외곽의 토지 가격은 하락 중이며 빈집 문제 또한 심각하지만, 굳이 이러한 상황을 경험하지 않아도 토지 신화란 허상에 지나지 않죠. 그러나 버블 시기에는 대기업조차 그 환상에 빠져있었죠.

기요노 토지 사유의 폐해에 대해서는 시바 료타로司馬遼太-일본 근현대사의 재해석과 대중화에 영향을 미친 역사소설 작가가 1976년에 출간한 『토지와 일본인의 감각』[9]에서도 노사카 아키유키일본의 소설가, 마쓰시타 고노스케일본의 사업가로 현재의 파나소닉을 세운 인물와 함께 강하게 경고하고 있죠.

구마 일본이 한 단계 도약할 수 있었던 때에 토지의 사유는 족쇄가 될 뿐이었습니다. 일본의 역사를 그려온 시바 료타로조차 이 병리를 주목했고요.

기요노 구마 씨는 토지의 사유와 함께 '전 국민 샐러리맨화一億総サラリーマン化'의 폐해를 계속해서 지적해왔죠.

구마 토지의 사유는 '내 집 마련에 대한 열망'과 함께 전후 일본의 자본주의 발전에 깊숙이 뿌리내린 환상입니다. 이 열망은 샐러리맨을 기업에 묶어두기 위한 효과적인 동기부여가 되죠. 샐러리맨은 평생 갚아야 할 주택 대출을 담보로 자신의 꿈을 구입하지만 그 대출을 갚고자 평생 샐러리맨에서 벗어나지 못합니다. 샐러리맨들은 이를 정당하기 위해 자신들의 가치관을 '정의'라며 사회 전체에 강요해왔죠.

<u>기요노</u> '무사여 잘 있거라', '굿바이 사무라이'라는 말은 이에 대한 구마 씨의 분노군요.

<u>구마</u> '도쿄는 어쩌다 세계 중심 도시가 될 기회를 놓쳤는가'라는 커다란 질문에 대한 저의 대답은 바로 '일본 사회의 전 국민 샐러리맨화'입니다. 그게 전부예요.

<u>기요노</u> 도쿄의 샐러리맨의 경우, 토지 가격이 너무 비싸다 보니 자가 주택에 대한 열망이 맨션의 '전용면적의 사유'로 대체되었고 환상의 대상은 더욱 세분화되었죠.

<u>구마</u> 토지의 사유도 문제지만, 저는 '맨션 문화' 자체가 도쿄라는 도시가 본래 가지고 있던 섬세함, 사람들끼리 접촉할 수 있는 관계성 등의 다양한 매력을 파괴한 원흉이라고 봅니다.

<u>기요노</u> 5년 전일까요, 외국에 사는 친구에게 도쿄의 벚꽃 소식을 전하고자 도쿄 스카이트리와 벚꽃이 함께 담긴 엽서를 샀어요. 도쿄를 상징하는 새로운 타워와 벚꽃이면 괜찮겠다 싶었지만, 가만히 보니 벚꽃의 고운 핑크색보다 그 아래에

넓게 펼쳐진 회색빛의 거리가 더욱 눈에 띄더군요. 파리의 개선문이나 노트르담, 런던의 빅벤, 싱가포르의 마리나 베이 샌즈처럼 한눈에 들어오는 상징물이 있어야 하는데 도쿄에는 그게 없다는 사실에 흥이 깨졌고, 결국 엽서를 보내지 않기로 했어요.

구마 외국에서 온 건축 전문가들은 '도쿄의 오피스 공간은 세계적인 수준이지만 레지던스는 왜 저렇게 궁상맞은가'라고 종종 말하곤 합니다. 그 말을 들으면 분하긴 한데 사실이니까 반박을 못 하겠더군요. 도쿄의 회색빛 풍경의 대부분은 상속세를 피하고자 잘게 쪼갠 토지 위에 들어선 맨션이나 소규모 상가 건물雑居ビル입니다. 그런 점에서 토지 사유에 수반된 낡아빠진 제도들을 재검토해야 하죠.

기요노 예컨대 상속세를 줄이자는 말인가요?

구마 상속세의 감세도 재검토의 일부가 될 수 있겠죠.

기요노 도쿄만이 아니라 교토나 가마쿠라 같은 다른 도시에서도 상속세의 부담을 감당하지 못하고 소유자가 대대로 내려온 유서 깊은 저택이나 토지를 매각하는 사례가 일본에는 흔하니까요. 2018년에는 무로마치 시대(1336~1573)부터 전해져온, 교토에서도 손꼽히는 마치야町家-일본의 전통 목조 건물로 상점과 거주 공간이 결합된 형태 중 하나인「가와이 가문 주택川井家住宅」도 결국 철거되었죠. 일본에는 거리 경관을 문화재로서 보존하는 효과적인 제도가 부족하다는 사실이 안타깝네요. 그렇다고 상속세를 없애면 결국 부자들만 이익을 볼 텐데 말이죠.

구마 그게 바로 도시 시스템을 설계할 때 가장 어려운 부분이에요. 상속세란 '부자들에게 책임을 묻자'는 의미를 담은, 일종의 처벌 성격을 가진 세금이니까요.

기요노 '부자가 대를 잇도록 내버려두지 않겠다'는 거죠.

구마 그렇죠. '멋들어진 서체로 '매각'을 적는 삼 대째'[10]라는 속담은 아니어도, 영원히 부자로 남을 수 없다는 것이 전후의 일본이 지닌 활력의 원천이었죠. 게다가 유럽이나 미국은 부자들이 사회를 향한 재분배를 제대로 하지 않은 탓에 극단적으로 벌어지는 사회 격차가 문제되고 있어요. 의외로 들리겠지만, 일본 세수에서 상속세가 차지하는 비율은 단 3% 정도라고 해요. 정부가 주장하는 것처럼 커다란 재정 기반은 아닌 거죠. 그런데도 거리 풍경이 가진 역사성과 이를 통해 사람들이 쌓아온 도시를 향한 애정을 철저히 짓밟고 있습니다. 현재의 상속세라는 제도의 설계가 도시 디자인에 계속해서 부정적인 영향을 끼치고 있다는 사실은 국민에게도 전혀 이익이 될 게 없고요. 이러한 사실을 인식하고 새로운 제도 설계에 나서야 할 때입니다.

제1장

작은 도쿄에 미래가 있다

기요노   전쟁이 끝나고 75년이 지난 지금, 일본은 제도와 의식 모두 절실한 개혁이 필요한 전환점에 도달해 있습니다. 애초에 '전 국민 샐러리맨화'라는 배경에는 전후 쇼와 시대의 고도경제성장과 인구 증가가 있었고, 그로부터 회사에 종신으로 고용되는 샐러리맨이라는 존재가 생겨났습니다. 구마 씨가 말한 '집단의 존속을 최우선의 목표로 삼고, 그 목적에 대해 눈치껏 개인적인 결정을 내리는 사람들'이 일본 사회의 주류로서 영향력을 행사해 온 셈이죠. 하지만 지금은 경제 축소와 마이너스 금리 등 쇼와 시대와 비교하면 상황이 180도 바뀌었습니다. 인구는 줄고 있고 고령화와 저출산의 흐름 역시 멈출 기미가 보이지 않아요.

구마   그런 흐름 속에서 고도경제성장 시대의 사고방식과 행동 양식이 계속 이어지고 있다는 사실은 참으로 비극적이네요.

기요노   비극일지 희극일지 모르겠지만 일본의 경우, 아탈리가 말하는 '크리에이터 계급'에 해당하는 기술자나 연구자들은 모두 샐러리맨이 되었습니다. 지금이라도 늦지 않았으니 국가, 기업, 개인 모두가 크리에이터 계급을 육성하는 방향으로 나아가야 합니다. 해외 인재를 적극적으로 수용하고 창업자들이 좌절하지 않도록 인재 육성과 관련한 제도를 개혁함으로써 말이죠.

구마 그것이야말로 에너지와 자본이 넘쳤던 1980년대에 국가와 대기업이 앞장서야 했던 일이죠. 하지만 모두가 토지의 사유라는 낡아빠진 가치관에 얽매여 기회를 놓치고 말았습니다. 이제 와서 불평해도 어쩔 수 없지만요.

기요노 정말 맞는 말이에요.

구마 솔직히 고백하자면, 저는 세계 중심 도시라는 명제를 위해 도쿄에서 무언가를 해나갈 생각은 없습니다. 그저 제가 할 수 있는 일을 묵묵히 실천할 뿐이에요. 실제로 도쿄만을 한정 짓더라도 건축가인 제가 게릴라적으로, 다시 말해 반反 사무라이의 태도로 할 수 있는 일은 아직 많이 있다고 생각합니다.

기요노 외부에서의 평론가, 비평가가 아닌 당사자, 실제 창작자로서 말인가요?

구마 건축가라는 직업은 사회적으로 무언가를 제안하더라도 정작 자금을 대는 건 다른 사람인 경우가 많아요. 그러다 보니 본인이 직접 책임을 지지 않는 면이 있죠. 하지만 건축가가 다음 단계로 나아가려면 스스로 기획하고, 자금을 마련하고, 건물을 짓고, 운영까지 책임지는 형태를 보여야 합니다. 그렇지 않으면 설 자리는 없을 것입니다.

기요노 그건 「국립경기장」, 「다카나와 게이트웨이역」, 구마 씨가 디자인에 참여한 시부야 재개발 초고층 빌딩 「시부야 스크램블 스퀘어」와는 다른 일이죠. 또 나카메구로의 「스타벅스 로스터리」에서의 협업과도 다르고요.

구마 더욱더 작고, 낡고, 인간적인 크기와 친밀함이 있는 곳에 미래가 있다고 생각합니다. 기요노 씨는 「스타벅스 로스터리」를 저의 새로운 지평이라고 말해주었지만, 제게는 그 또한 기존 틀 안에 속하는 일이었습니다. 저는 그걸 넘어서기 위해 작은 도쿄를 열심히 찾는 중이에요. 예를 들어 예전에 제가 맨션 프로젝트를 하면서 힘들다고 느꼈던 건, 그 대전제가 되는 가족상이 지나치게 고정적이고 폐쇄적이었기 때문입니다. '개인이 집을 소유하면 행복해진다'는 가족상은 20세기 미국이 만든 허구로서, 이를 바탕으로 미국 건설업계는 교외에 하얀 단독주택을 끊임없이 지으며 수익을 올렸죠. 하지만 그 허구는 현재 미국에서조차 흔들리고 있습니다. 대출로 구매할 수 있는 하얀 단독주택에는 눈길도 주지 않는 부유층, 하얀 단독주택을 소유했어도 몰락의 쓰라림을 맞고 전혀 행복하지 않은 중산층, 그리고 깊은 빈곤에 시달리는 빈곤층으로 사회가 뚜렷하게 분단되었죠.

기요노 전쟁 이후의 일본이 본보기로 삼았던 미국 소비사회조차 집단적 환상이 무너진 것은 리먼 쇼크

전후였습니다. 이런 흐름은 일본에서도 서서히 진행되고
있고요.

구마   일본에서도 똑같은 일이 벌어지고 있지만 부동산이나
디벨로퍼 업계는 정부와 경제계와 손을 잡고 여전히
'개인의 성城'을 목표로 사람들을 끊임없이 몰아가고 있습니다.
샐러리맨의 인생이란, 결국 주택 대출과 한 묶음인 거죠.
그러한 '눈앞의 당근'은 마케팅의 컨설팅을 거치며 점점 더
정교해졌고, 게다가 주택 대출의 감세까지 더해지면서
20세기식 시스템은 아직도 명맥을 이어가고 있습니다.

기요노   고이즈미 준이치로 내각이 2000년대 초반에 실시한
규제 완화 이후에 도심, 교외, 지방을 가리지 않고 타워 맨션이
난립했어요. 그야말로 정교하게 빚어진 환상의 선두주자였죠.
유리로 둘러싸인 로비, 도서실, 수영장 등 공용 공간은
과도하게 연출되어 있지만 정작 개인이 거주하는 공간은
생각보다 멋이 없고요.

구마   저는 건설업계에 몸담으면서 이 시스템의 어두운
앞날을 실감했습니다. 그래서 시험 삼아 제 아들과
그 주변의 정체 모를 젊은 친구들과 함께 고정된 가족 형태가
아닌 관계를 형성하며 살아보면 어떨까 생각했어요.
이로써 건축을 다시 즐길 수 있지 않을까 하는 마음이
들었습니다. 이것이 바로 직접 집주인이 되어 셰어하우스를

운영하게 된 이유입니다.

기요노   구마 씨가 도시론에서 이야기하고 싶은 것은 국립경기장이 아닌 셰어하우스였다…. 정말 의외이기도 하고 흥미롭네요.

도쿄는 어쩌다 세계 중심 도시가 될 기회를 놓쳤을까?

1) 국립경기장
2019년 11월 완공. 2012년 설계 공모에서 선정된 자하 하디드의 설계안이 백지화된 후 재공모를 거쳐 다이세이켄세츠大成建設, 아즈사셋케이梓設計, 구마 겐고 건축도시설계사무소가 설계와 시공을 통합하는 '디자인 빌드' 방식으로 건설되었다. 처마와 지붕 구조에 목재가 다수 사용된 경기장은 구마 겐고가 주장하는 '나무를 되찾는 도시 건축'을 향해 거쳐 가는 하나의 과정이라고 할 수 있다.

2) 다카나와 게이트웨이역
 高輪ゲートウェイ駅
2020년 3월 오픈. JR 동일본 야마노테선山手線, 게이힌도호쿠선京浜東北線이 정차하는 새로운 역으로 다마치田町역과 시나가와品川역 사이에 신설되었다. 1971년 니시닛포리西日暮里역 이후 야마노테선에 처음으로 새롭게 지어진 역이다.

3) 빅토리아 앤 알버트 박물관 던디관
 Victoria and Albert Museum Dundee
런던에 위치한 세계 굴지의 공예/디자인 미술관 「빅토리아 앤 알버트 박물관(V&A)」의 분관. 스코틀랜드 북해연안에 위치한 산업 도시인 던디Dundee의 워터프런트 재개발 중심 건물로 계획되었으며 2010년 설계 공모에서 구마 겐고의 설계안이 채택되었다.

4) 스타벅스 리저브 로스터리 도쿄
 STARBUCKS RESERVE ROASTERY TOKYO
2019년 2월 오픈. 스타벅스가 2014년부터 시애틀, 상하이, 밀라노, 뉴욕 등에 진출한 새로운 글로벌 전략 점포의 도쿄점이다. 모든 매장에 거대한 커피 로스팅 머신을 설치한 것이 특징이며 도쿄 매장은 4층에 걸친 보이드 공간을 가진다. 외관 디자인은 구마 겐고 건축도시설계사무소, 인테리어는 스타벅스 사내 디자인팀이 협동하여 설계했다. 나카메구로中目黒역에서 도보 10분가량 떨어진 메구로강변에 위치한 새로운 명소로, 국내외 관광객과 지역 주민들로 성황을 이룬다.

5) 기사단장 죽이기
 騎士団長殺し
2017년에 출간된 무라카미 하루키의 신작 소설.

6) M2 (1991)
구마 겐고의 디자인으로 1991에 완성. 당시에는 로드스터 등 마쓰다 자동차의 쇼룸으로 지어졌다. 유리로 둘러싸인 무기질적인 박스 중앙을 관통하는 이오니아 양식의 거대한 기둥의 디자인은 버블 시대를 향한 통렬한 비판을 담고 있었으나, 구마의 그러한 의도는 세상에 전달되지 못한 채 '버블의 상징'으로 거센 비난을 받았다.

7) RE DESIGN: 일상의 21세기
 RE DESIGN 日常の21世紀
2000년, 종이 유통회사 다케오竹尾의 창립 100주년을 기념하여 개최된 전시로, 유명 디자이너들이 일상적인 물건을 새롭게 디자인한다는 의미를 담고 있다. 건축가 반 시게루坂茂는 이번 전시에서 네모난 두루마리 휴지를 발표했다. 기획 및 구성은 하라 켄야原研哉가 담당했다.

8) 21세기의 역사
 21世紀の歴史
2008년, 사쿠힌샤作品社에서 출간된 하야시 마사히로林昌宏의 번역서이다. 원서는 2006년 프랑스에서 출간되었다.

9) 토지와 일본인—〈대담집〉
 土地と日本人—〈対談集〉
1976년, 주오코론샤中央公論社에서 출간. 1980년에는 주코분코中公文庫에 수록되었다. '전후 사회는 윤리를 포함하여 토지 문제로 인해 붕괴할 것이다'라는 시바 료타로司馬遼太郎의 위기의식을 바탕으로 노사카 아키유키野坂昭如, 마쓰시타 고노스케松下幸之助 등 다섯 명의 식견 있는 인물들과의 대담집이다. 대담의 시기는 다나카 가쿠에이田中角栄가 추진한 일본열도개조론日本列島改造論의 붐이 일어난 직후로서 다나카의 체포시기와 겹친다.

10) 멋들어진 서체로 '매각'을 적는 삼 대째
 売り家と唐様で書く三代目
초대가 고생한 끝에 재산을 일구어도, 삼 대째에 이르면 사치를 부리다 재산을 탕진하고 집을 팔게 된다는 뜻이다. 여기서 '매각売り家'이라는 안내문은 삼 대째의 방탕한 기색을 나타내는 세련된 당서체唐様로 적혀 있다는 재치가 넘치는 풍자이다.

제2장 「셰어 야라이초」
— 개인의 소유라는 덫

청춘이 모이는 아지트를 만들고 싶다

기요노　지금 저희는 도쿄 가구라자카의 주택가에 있습니다. 대로에서 한 걸음 들어서면 금세 조용하고 평온한 분위기로 바뀌는 이곳은 저층의 주택들이 품위 있게 늘어선 동네로서, 구마 씨가 집주인으로 활약하는 두 채의 셰어하우스도 있습니다. 그중 하나인「셰어 야라이초シェア矢来町」(2012)를 들어가 볼까요? 놀랍게도 이 건물의 입구는 현관문이 아닌 텐트의 지퍼로 되어 있네요.

구마　동네의 치안이 제대로 유지되고 있다는 증거로, 도쿄 주택가가 지니는 굉장한 이점이죠.

기요노　「셰어 야라이초」는 지상 3층 건물입니다. 대지 면적은 약 35평(약 116㎡)이며 2012년에 완성되었습니다. 설계는 SPATIAL DESIGN STUDIO의 시노하라 사토코篠原聡子 씨, A Studio의 우치무라 야아노內村綾乃 씨, 그리고 내장과 가구는 다이치 구마 씨가 맡았죠. 2014년에는 일본건축학회상을 수상했습니다.

(지퍼가 "지지익—" 하고 열리는 소리가 들린다.)

기요노　"실례합니다~"… 오, 텐트를 지나니 곧바로 3층까지 트여 있는 개방적인 입구 홀이 보이네요. 굉장히 멋집니다. 위층에서는 왁자지껄한 소리와 함께 맛있는 냄새까지!

구마 3층의 주방과 거실에서는 파티가 한창입니다.

기요노 그럼 평면을 살펴보며 3층까지 올라가 볼까요? 1층에는 두 개의 개인실과, 안쪽에는 샤워룸, 세면대 등의 공간과 유틸리티 공간이 있습니다. 계단을 오르니 2층 복도와 연결된 계단참에는 커다란 책장이 있고, 그 양옆에는 네 개의 개인실이, 그리고 3층에는 공용 주방과 두 개의 개인실이 있습니다. 화장실은 1, 2층에 각각 마련되어 있고요. 주방 옆의 외부 계단을 통해 옥상으로도 올라갈 수 있네요. 폭이 좁은 철제 계단은 오르내릴 때는 아찔하지만 꼭대기에 올라오니 도심의 풍경이 한눈에 들어옵니다. 옥상에는 작은 텃밭도 마련되어 있군요.

구마 원래는 채소를 기르려 했는데 지금은 허브만 남아 있습니다.

기요노 허브 중에서도 생명력이 강한 로즈마리가 마치 자기 집인 듯 무성하게 번식하고 있네요.

구마 농사란 만만치 않다는 걸 실감합니다.

기요노 가파른 외부 계단에서 넘어지지 않도록 조심히 내려와 파티에 참여해볼까요? 테이블에는 먹음직스러운 음식들이 가득 차려져 있네요.

구마 매번 모두가 함께 요리를 만들어 나눠 먹습니다. 입주자들은 일본인뿐만 아니라 여러 나라 사람이 있기에

「셰어 야라이초」(2012) 외관

다국적으로 '타이 푸드 나이트', '코리안 푸드 나이트' 같은 테마로 다양한 취향에 맞추어 즐기곤 하죠. 또한, 패션쇼나 사회학 강좌 등 입주자들이 자율적으로 기획하는 행사들 덕분에 늘 활기가 넘칩니다. 그런 점에서 주거라는 틀을 넘어섰다고 볼 수도 있겠네요.

<u>기요노</u>　마치 1970~80년대의 도쿄대학 고마바 캠퍼스의 기숙사가 떠오르네요. 물론 이쪽이 훨씬 단정하지만요.

<u>구마</u>　맞아요. 그러고 보니 현대판 고마바 기숙사와 같은 장소를 만들고 싶다는 생각을 했었습니다. 즐거우면서 조금은 수상쩍은 아지트 같은 곳을 말이죠.

제가 집주인으로서 이 셰어하우스를 제대로 운영할 수 있는 것은, 공동 설계자이자 실제로 거주하며 관리인 역할을 맡는 우치무라 아야노 씨 덕분입니다. 여기서 우치무라 씨의 이야기를 직접 들어볼까요?

<u>기요노</u>　그럴까요. 우치무라 씨, 잘 부탁합니다.

「셰어 야라이초」는 일본여자대학 교수인 시노하라 사토코 선생님과 공동으로 설계하였습니다. 시노하라 선생님은 제가 1990년부터 1998년까지 재직한 <SPATIAL DESIGN STUDIO>의 책임자로서 구마 씨의 부인이기도 합니다.

이곳은 역에서 가깝기 때문에 처음에는 디자인이 특화된 임대 맨션을 계획했습니다. 하지만 그럴 경우에는 약 30㎡의 원룸이 중심이 되므로 높은 임대료가 책정될 수밖에 없었죠. 그건 재미없을 것 같다는 생각에 셰어하우스를 해보기로 했습니다.

　　셰어하우스는 건물이라는 하드웨어도 중요하지만, 운영이라는 소프트웨어의 설계가 무엇보다 중요합니다. 하드웨어 속에 어떻게 소프트웨어를 잘 녹여낼 수 있을까…, 이는 건축가로서 마주한 새로운 도전이었습니다.

　　「셰어 야라이초」에는 하나의 게스트룸을 포함한 여덟 개의 개인실이 있으며 마치 단독주택에서 거주하는 가족처럼 일곱 명의 거주자가 각자의 삶을 꾸리고 있습니다.

　　무엇보다 중요하게 생각하는 것은 '즐거움'이라는 감각입니다. 실제로는 가족이 아니기 때문에 서로의 프라이버시에는 깊이 참견하지 않습니다. 하지만 완전히 타인도 아니니 '간섭받고 싶지 않지만 누군가가 곁에 있어주면 좋겠다'는 도시인 특유의 절묘한 거리감을 어떻게 유지할 수 있을지가 관건입니다.

　　모두가 편안함을 느끼고 이곳에서의 삶이 고되지 않으려면 무엇이 필요할까. 이를 위한 하나의 방안으로 입주자를 직장인으로 제한하게 되었습니다. 가장 큰 이유는 무언가를 고민할 때 사람 사이에 경제적 감각이 공유되는 것이 매우 중요하기 때문입니다.

　　공동생활을 하다 보면 화장지나 세제, 간장이나 우유 같은 생필품이 모자랄 때가 있잖아요? 그럴 때 부담 없이 천 엔 정도 보탤 수 있는 여유가 있다는 건 중요하니까요.

    소규모의 집합주택이기 때문에 입주자 모집은 기본적으로 입소문으로 이루어집니다. 처음에는 구마 씨의 아들인 다이치 구마 씨와 그의 친구들이 입주했고, 그 뒤로 범위가 확장되었습니다. 다이치 씨도 건축가이다 보니 건축이나 크리에이티브 방면에서 일하는 사람들의 비중이 높긴 하네요.

    지원자와는 반드시 면접을 진행하는데 그때마다 술을 좋아하는지를 묻습니다. 어디까지나 제가 술을 좋아하기 때문입니다만, 중요한 건 술을 마시지 않아도 맛있는 걸 좋아하거나, 함께 먹고 마시는 즐거움을 나눌 수 있는 사람이라면 충분해요.

    셰어하우스를 오픈한 지 8년이 지난 지금, 입주자가 바뀌는 주기는 2년 정도이며 유동적입니다. 연령대는 20대 후반에서 40대 초반이 대부분으로 셰어하우스에서 지내다가 결혼을 계기로 퇴실하는 경우가 많습니다. 입주자끼리 결혼하는 경우도 있고요.

    한때 이다바시_{셰어 야라이초에서 도보 10분 거리에 위치한 동네}에 있는 맨션을 오피스 겸 자택으로 사용한 적도 있지만「셰어 야라이초」의 완성을 계기로 이곳에서 거주하기로 한 후 대부분의 짐을 정리했습니다. 지금은 도보 1분 거리에 있는 장소 한편에 사무실을 두고 오피스와 주거 모두 셰어하는 방식으로 도심 내에서 '직장과 주거가 가까운 생활 방식'을 실천하고 있습니다.

설계에 참여한 건축가로서 건물에 직접 거주하고 있습니다.
설계자가 직접 거주하며 운영을 총괄한다는 것이 「셰어 야라이초」의
가장 큰 장점이기도 하죠. 왜냐하면 전등이 나가거나 물이 잘 나오지
않는 등 사소한 문제가 생겼을 경우, 공간을 누구보다 잘 알고 있어
가장 빠르게 대처할 수 있으니까요. 사람들 사이의 관계를 원만하게
유지하기 위해서는 하드웨어가 제대로 관리되는 것 또한 굉장히
중요합니다.

파티는 석 달에 한 번으로, 자주 여는 편은 아니에요. 오늘은
모두가 모였기 때문에 북적거리지만 이곳은 주택가이기 때문에
밤 10시가 되면 자리를 정리합니다. 셰어하우스에서는 이웃을
배려하는 마음 또한 중요하니까요.

생활하다 보면 버려진 페트병이 너무 많다거나 사용한 후에
정리되지 않은 오븐 토스터를 보고 짜증이 날 때도 있어요(웃음).
하지만 평일 낮에는 다들 일하러 나가서 집 안은 무척 조용해져요.
그럴 때면 1층의 홀을 혼자 독차지하면서 작업을 할 수 있습니다.
그런 시간 덕분에 마음을 가다듬고 차분히 즐기고 있습니다.

기요노   셰어하우스 생활이 매력적으로 보이긴 해도,
인간관계에 얽매여 숨이 막히진 않을까 하는 걱정이 가장
먼저 들어요.

구마 저도 집주인 역할을 해보면서 알게 된 건데요, 애초에 셰어하우스에 거주하는 사람들은 보통 2년을 주기로 거처를 옮기는 경우가 많습니다. 그렇다 보니 인간관계도 자연스럽게 리셋되는 것 같아요.

기요노 그렇군요. 셰어하우스는 '정착을 전제로 한 주거'가 아니라는 말이네요. 인간관계의 균형이 잘 드러나는 「셰어 야라이초」의 차가우면서도 따뜻한 느낌의 디자인이 매우 인상적입니다. 그런 점에서 건축가의 힘을 느꼈어요. 한편 셰어하우스라는 단어는 상업주의 안에서 소비되는 현실도 있습니다. 2018년에는 서브리스 방식으로 여성 전용 셰어하우스 호박마차かぼちゃの馬車를 운영하던 회사가 파산했고, 그 회사를 뒷받침하던 스루가은행은 무리한 대출과 함께 사회 문제를 일으켰죠. '업무 방식 개혁'을 포함하여 '셰어하우스', '커먼즈' 같은 새로운 개념이나 단어가 유행하면, 기존의 권력은 이를 자기 입맛대로 활용하면서 본래의 의미가 왜곡되는 일이 흔히 일어납니다.

구마 제가 생각하는 셰어하우스의 정의란 '인간관계가 적당히 느슨한 관계 속에서 살아가는 사람들이 손을 움직이며 일상의 삶을 엔조이하는 공간'입니다. 부동산 업자나 디벨로퍼가 돈벌이 수단으로 여기는 셰어하우스와는 전혀 다릅니다.

기요노 셰어하우스를 '상품'으로 받아들일 경우, '손을 움직이며 일상의 삶을 엔조이'한다는 구마 씨의 정의는 실현하기 어려울지도 모르겠네요.

구마 셰어하우스가 업자의 '상품'이 되어서는 안 됩니다. 인간관계란 건 애초에 상품이 될 수 없으니까요. 그런 점에서 우치무라 씨처럼 '어머니' 같은 존재가 결정적으로 중요하다고 실감하고 있습니다.

셰어하우스의 원점이 되는
1980년대의 주거 혁명 운동

기요노 인간관계를 상품화하여 막대한 수익을 올리는 페이스북처럼 지금은 새로운 수익 시스템이 등장하는 시대입니다만, 어째서 셰어하우스의 집주인이 되고자 한 거죠?

구마 이 이야기는 나카스지 오사무中筋修 씨와의 만남에서 시작합니다. 나카스지 씨를 알고 있나요?

기요노 아뇨, 잘 모릅니다.

구마 지금부터 하는 이야기는 굉장히 중요합니다. 1985년, 제가 콜롬비아 대학의 객원연구원으로 뉴욕에 가기 직전, 오사카에서 나카스지 오사무라는 굉장히 재미있는 아저씨를 만났어요. 그는 건축가 야스하라 시게루安原秀와 함께

헤키사ヘキサ라는 설계사무소를 운영하며 〈도시 주택을 스스로 창조하는 모임〉(이하 도주창都住創)이라는 일종의 '주택 혁명 운동'을 펼치고 있었습니다. 그들은 동료들을 모아 각자가 원하는 평면 구성으로 살 수 있는 맨션을 잇달아 지었습니다.

기요노   셰어하우스 이전에 유행했던 협동조합 주택Cooperative Housing, 공동체 주택Collective Housing과 비슷한 방식인가요?

구마   협동조합 주택과 공동체 주택은 완전히 다른 개념입니다. 〈협동조합 주택〉은 동료들끼리 각자 좋아하는 평면으로 집합주택을 만드는 방식입니다. 반면 〈공동체 주택〉은 북유럽에서 시작된 새로운 주거 형태로서, 다세대나 비혼모 등 다양한 사람들이 가사를 공유하며 함께 거주하는 방식이죠. 이는 셰어하우스에 가까운 방식으로, 북유럽에서는 정부가 이를 적극적으로 추진하여 비혼모들을 지원하고 있습니다. 나카스지 씨는 일본에서 가장 먼저 협동조합 주택을 본격적으로 실현한 인물로, 이 프로젝트는 시장 논리를 따르지 않고 '우리들이 즐길 수 있는 방식을 찾자'는 게릴라적 발상에서 시작되었습니다. 그렇기 때문에 이후에 등장한 상업적인 협동조합 주택과도 전혀 다르죠. 나카스지 씨 일행은 획일화된 평면을 막대한 광고비를 들여 팔아치우던 구태의연한 부동산 업계에 정면으로 맞선 겁니다.

기요노   협동조합 주택이 일본 주택 시장 안에서 차지하는 비율은 극히 적어도 주택 시장에서는 어느 정도 인지될 정도로 정착되어 있죠. 물론 그것도 기본적으로 소비자에게 주목을 끌기 위한 것일 테지만요. 반대로 나카스지 씨의 〈도주창〉은 전혀 달랐다는 이야기인가요?

구마 나카스지 씨가 활동하던 당시만 해도 기업들조차 아직까지 그런 발상과 용어 자체가 생소해서 그저 '협동조합 방식으로 진행 중입니다'라고 할 뿐이었죠. 하지만 이에 대해 굉장히 흥미를 느낀 저는, 1984년 오사카에 지어진 「도주창 맨션」을 찾아갔습니다. 그곳은 제가 지녔던 건축과 건축가에 대한 관념을 뒤흔들 만큼 충격적이었습니다.

기요노 어떤 점이요?

구마 우선 그곳과 관련된 사람들은 대부분 오사카의 괴짜스러운 아저씨, 아줌마들이었어요. 소위 말해 샐러리맨 사회의 상식 바깥에 위치한 상당히 재미있는 사람들이었죠. 「도주창 맨션」에는 거주자뿐만 아니라 재미있고 독특한 사람들이 매일같이 모여들었고, 집이 외부로 개방된 공간처럼 모두가 조화롭게 살아가고 있었어요. 단순히 왁자지껄하며 술을 마시는 것만이 아니라 젊은 아티스트를 응원하는 전위적인 전시회나 수업, 강연회를 개최하기도 했죠. 그러한 사용 방식을 포함하여 건축가가 하드웨어뿐만 아닌 생활 전체를 디자인하는 듯한 느낌을 받았습니다.

기요노   지금은 셰어오피스나 셰어하우스에서도 입주자들에 의한 교류 이벤트가 일반적으로 열리곤 하는데, 그걸 이미 앞서서 실천했던 거네요.

구마   나카스지 씨가 디자인한 건물은 흔히 건축 잡지에 실릴 법한 '작품'은 아닙니다. 굉장히 엉망진창이고 도무지 '아름답다'고 말할 수는 없지만 그러한 '서투름' 속에도 기존 건축과는 다른 의미가 담겨 있다고 느꼈습니다. 무엇보다 나카스지 씨는 회사와 손을 잡고 의지하려는 발상 자체를 전혀 하지 않았다는 점이 대단하죠. 그저 본인이 직접 일으키는 하나의 운동으로서, 어디까지나 동료들을 만들어가고자 했습니다. 당시 오사카에는 〈도주창〉이 만든 협동조합 주택이 열일곱 채가 있었는데, 그곳에는 모두 커뮤니티가 있었고 그 커뮤니티들끼리도 서로 교류하는 식이었죠.

기요노   그 점은 지금의 IT 네트워크의 상호작용과도 닮아 있네요.

수억 엔의 빚을 진 경험, 그리고…

구마   오사카의 다니마치 일대에 집중된 나카스지 씨 일행의 협동조합 주택을 차례차례 방문했습니다. 도쿄에서 젊고 이상한 녀석이 왔다며 여기저기서 반겨주었죠. 그러던 중 '도쿄에서 협동조합 주택을 함께 만들어보지 않을래?'라는 제안이 있었고, 제가 뉴욕의 콜롬비아 대학에서 돌아온 1986년에 프로젝트가 시작되었습니다.

기요노　장소는 어디였나요?

구마　당시에 제가 살던 에도가와바시입니다. 가구라자카와 이어진 동네죠. 에도가와바시는 도쿄 안에서도 작은 공장이 많으며 서민적인 분위기 또한 남아 있어서 오사카 특유의 정취와도 잘 맞았습니다. 나카스지 씨도 '에도가와바시의 분위기 끝장나는구먼!'이라고 할 정도였죠. 그렇게 작은 부지를 찾아다니며 뜻을 같이할 사람을 모집하니 나카스지 씨를 중심으로 오사카 사람들이 모여들게 되었고, 그렇게 결국 맨션이 아닌 작은 빌딩 하나를 지었습니다.

기요노　전혀 몰랐네요.

구마　그 건물에 「도주창 러스틱 都住創ラスティック」이라는 이름을 붙였습니다. 러스틱Rustic이라는 말에는 도시적이지 않고 자연스럽고 소박한 매력이라는 뜻이 담겨있죠.

기요노　왠지 1980년대의 서브컬처 느낌이 드는걸요? 자금은 어떻게 조달했나요?

구마　은행이 이런 '밑바닥에서 자라나는 풀뿌리' 같은

프로젝트에 대출해줄 리 없죠. 대신에 시공을 책임질 건설사가 프로젝트의 대표가 되어 자금을 빌렸습니다.

이렇게 「도주창 러스틱」의 시작은 좋았지만 건물이 완성된 1991년은 정확히 버블이 터진 시기였죠. 건물은 지어졌지만 자금이 돌지 않으면서 재정적으로 매우 힘든 상황에 직면했습니다. 원래도 나카스지 씨는 술을 엄청 좋아하는 사람이었지만 심적 부담이 더해진 탓인지 과도한 음주가 화근이 되어 결국 2001년에 돌아가셨습니다.

기요노   네…? 그야말로 목숨을 건 시도였군요….

구마   그렇게나 밝고 에너지가 넘치던 나카스지 씨가 허망하게 세상을 떠났다는 사실은 저에게 너무나 큰 충격이었습니다. 이후 관계자들이 파산하거나 스스로 생을 마감하는 일들이 이어졌어요. 저는 그들보다 훨씬 젊기도 했고, 결국 빚을 갚을 수 있는 유일한 사람이었죠. 그렇게 저는 프로젝트의 연대보증인으로서 수억 엔의 빚을 떠안았습니다.

기요노   말도 안 돼….

구마   그 후 매달 다카사키의 지방법원에 출석했습니다.

기요노   왜 다카사키인가요?

구마   함께한 건설사의 본사가 다카사키에 있었거든요. 물론 당시의 제 수입으로 수억 엔의 빚을 갚는 건 불가능했기 때문에 '그렇게 큰돈은 무리입니다'라고 말할 수밖에 없었죠.

그렇게 저와 건설사 사이의 감면 조치를 통해 갚을 수 있는 범위로 금액을 조정했고, 덕분에 어떻게든 살아남으며 18년에 걸쳐 상환을 마칠 수 있었습니다.

기요노   18년에 걸쳐 빚을 갚은 건가요? 구마 씨에게도 상당한 용기가 필요한 커밍아웃이겠어요. 정말이지 충격적인 고백입니다.

구마   그때 고통이 너무나 생생한 탓에 자서전인 『나, 건축가 구마 겐고建築家、走る』(2013)에도 싣지 못했어요. 이러한 이야기를 하기까지 20년이 걸렸습니다. 그나마 도쿄에 법원이 있었으면 나았을 텐데 다카사키까지 다녔으니…. 그래도 은인이자 스승이기도 했던 나카스지 씨가 돌아가신 걸 생각하면 그런 수고쯤은 아무것도 아니지만요.

기요노   '세계 곳곳을 누비는 세계적인 건축가'라는 멋진 타이틀과는 다른 면모입니다.

구마   이런 고통스러운 경험을 통해 '사유만큼 위험한 것도 없다'는 교훈을 얻었습니다. 20세기에는 '사유=안전'이라는 신화가 있었지만, 실은 사유야말로 가장 위험한 것이라는 사실을 말이죠.

제2장

개인의 소유라는 덫에 빠지다

기요노 〈도주창〉의 시도는 오늘날 셰어하우스 유행의 원형인 동시에 그 흐름을 앞서 실현한 사례라고 생각합니다.

구마 우리는 모두 즐거운 마음으로 〈도주창〉에 참여했고 그 근저에는 '나만의 부동산을 소유하면 안심할 수 있다'는 20세기적 사유에 대한 신념이 깔려 있었죠. 그런데 현실을 제대로 꿰뚫어보지 못했던 것 같습니다. 다시 말해 20세기에서 벗어나지 못했던 것이 우리들의 근본적인 문제였다고 할 수 있죠.

기요노 협동조합 주택이라는 명칭은 새로웠을지 몰라도, 수식어를 떼어내면 결국 '구분 소유 방식으로 분양한다'는 시스템이네요.

구마 그렇습니다. 아무리 '모두가 자신이 원하는 집을 만들 수 있다'며 협동조합 주택에 흥미를 느낀다 한들, 사유에 집착하는 이상 기존의 부동산 업계, 더 나아가 사유를 엔진으로 삼는 전후 자본주의의 구조 안에 한쪽 발을 들여놓은 것과 다르지 않습니다. 젊었고, 버블 시대였으니 부동산 가격이 계속 오를 거라고 믿었기 때문에 그게 얼마나 위험한 일인지 알아차리지 못했습니다.

기요노 『신 무라론』에서 구마 씨는 지역 활성화 혹은 마을 살리기에 대해 '그런 위험한 일에 섣불리 뛰어들면 안 된다'고 말한 적이 있죠. 당시에는 일상적인 시니컬한 표현법이라고 생각하고 흘려 들었지만, 그 발언의 진짜 의미는 여기에 있었군요.

구마　　마을 살리기에 섣불리 뛰어들면 곧바로 경제적 리스크에 부딪히게 됩니다. 겉멋뿐인 사무라이의 자세를 버리고 상인의 세계로 직접 뛰어들기 위해서는 그에 걸맞은 각오가 필요하죠. 나카스지 씨 일행은 저에게 세상의 이치를 가르쳐준 좋은 아저씨, 형님 같은 존재였으며 그들과의 만남과 교류는 굉장히 즐거웠습니다. 하지만 우리는 사유라는 덫에 빠져버렸고, 그렇게 제가 좋아하던 아저씨, 형님들을 하나둘씩 떠나보내야 했습니다.

기요노　　건물은 지금도 남아있나요?

구마　　네, 남아있어요.

기요노　　정말이네요. 검색하니 나오네요.

구마　　당시에 손을 들고 나섰던 동료들은 이제 남아 있지 않지만요.

기요노　　으음….

구마　　'무사여 잘 있거라'라는 각오란 원래 그런 게 아닐까요. 무사의 집단주의 시스템의 바깥을 향해 뛰쳐나간다는 것은 '죽느냐 살아남느냐'의 아슬아슬한

갈림길에 선다는 뜻이니까요. 두렵다고 도약하지 않는다면 그게 무슨 의미가 있을까 싶습니다.

기요노 그건 구마 씨의 『삼저주의三低主義』(2010)[1] 중에서도 '저위험'의 정반대에 있는 '하이 리스크'를 짊어지는 삶이라고 생각합니다.

강변 주변의 공장 지역에서 재미를 발견하다

구마 나카스지 씨가 일찍 세상을 떠난 건 상당히 슬픈 일이었지만, 뉴욕에서 돌아온 후 이를 계기로 에도가와바시를 중심으로 도쿄를 새롭게 바라볼 수 있었던 것은 정말 큰 행운이었습니다.

에도가와바시는 세타가야구처럼 세련된 전후의 주택가가 아닌 도시에 강이 흐르는 라이트 인더스트리 지역입니다. 버블 시대에는 니시아자부 같은 곳이 지나치게 브랜드화된 반면, 아무도 에도가와바시를 주목하지 않았습니다. 그렇지만 이곳은 전쟁 전후 도쿄인의 삶이 축적된 재미있는 서민적인 동네입니다.

기요노 라이트 인더스트리란, 즉 동네 공장이겠군요.

구마 저는 파리 11구의 오베르캄프라는 거리에 사무실을 두고 있습니다. 이곳 또한 20세기의 라이트 인더스트리

지역으로 샹젤리제 같은 고급 상업지구도, 서쪽의 고급 주택가도 아닙니다. 하지만 지금은 당시의 옛 거리나 건물을 리노베이션하면서 오히려 멋지다고 평가받는 가치의 전환이 일어나고 있습니다. 맛있고, 멋지면서도 저렴한 레스토랑도 아주 많고요.

기요노   2000년대 이후, 뉴욕의 공업지대였던 브루클린[2]도 도시 리노베이션의 흐름을 타고 세련된 주거지로 바뀌었고, 도쿄에서도 주오구의 니혼바시, 지요다구의 간다, 스미다구의 오시아게, 기요스미시라카와 같은 곳이 센트럴 이스트 도쿄 Central East Tokyo[3]로 주목받았죠. 실제로 센트럴 이스트 도쿄에는 도시 속의 매력적인 장소들이 많으며 구마 씨가 말한 파리 11구와도 통하는 느낌이네요.

구마   앞에서 언급한 나카메구로의 「스타벅스 로스터리」도 사실은 라이트 인더스트리 입지에서 성공한 사례라고 볼 수 있죠.

「스타벅스 로스터리」는 매장 내부에 거대한 로스팅 머신을 설치하기 때문에 일본의 상업지역에서는 매장을 오픈할 수 없습니다. 일본에서는 이러한 대형 기계가 공장 설비로 간주되어 도시계획법상 공업지역 혹은 준공업지역에서만 영업할 수 있어요. 처음에는 오모테산도, 시부야, 긴자 같은 도심 한복판의 입지를 찾으려고 했던 것 같아요. 하지만

「스타벅스 로스터리」 매장 내부의 거대한 로스팅 머신

불가능하다는 걸 깨달은 뒤 준공업지역을 찾아 나섰고, 마침
강변에 그런 지역이 남아 있던 거죠.

기요노 메구로와 간다 쪽에도 있죠.

구마 하네다와 오시아게 주변도 있고요. 강변에는 동네
공장들이 줄지어 있었기 때문에 지금도 준공업지역으로 지정된
거죠.

기요노 「스타벅스 로스터리」에는 그런 제약이 있었기 때문에
오히려 메구로강을 따라 자리한 나카메구로의 매력이 더욱
뚜렷하게 나타났군요. 여기서도 가치의 전환이 있었네요.

구마 실제로 세계의 여러 도시에서 가장 흥미로운 장소는
강변의 라이트 인더스트리 지역입니다. 파리는 물론, 뉴욕과
베를린 또한 강변에 남아 있는 일종의 '제조업의 녹슨 느낌'의
낡고 촌스러운 분위기를 지닌 장소는 인간적인 숨결이
남아있는 21세기 장소로 재조명되고 있죠. 고급 부동산이
들어서지 않았던 곳이라 20세기 특유의 고급화에 휩쓸리지
않았으며, 그 덕분에 아직 손때가 묻지 않은 매력을 지니고
있습니다.
이야기를 되돌려, 나카스지 씨를 만나 〈도주창〉에 참여하고
게다가 좌절을 겪은 뒤 빚을 진 경험이 없었더라면
가구라자카의 셰어하우스에 도전할 수 없었을 겁니다.
그런 점에서 실패를 포함한 수많은 경험을 해서 다행이라고

생각합니다.

셰어하우스를 도심의 고령자 시설로

기요노 「셰어 야라이초」이야기로 돌아가 보죠. 협동조합 주택과 셰어하우스의 차이는 무엇일까요?

구마 〈도주창〉의 협동조합 주택은 기본적으로 30평(약 $99\,m^2$), 40평(약 $132\,m^2$)의 구분 소유를 전제로 했습니다. 물론 주문 제작이긴 해도 여전히 '집을 소유한다'는 감각이 남아 있었죠. 게다가 30, 40평은 도심 기준으로 꽤 넓은 면적이라 높은 가격이 형성될 수밖에 없고, 이는 고스란히 입주자의 경제적 부담이 됩니다.

반면 셰어하우스는 임대가 기본입니다. 개인실은 약 $10\,m^2$ 안팎의 작은 원룸이지만 주방, 거실, 홀 등 공용 공간을 넓게 확보해 쾌적한 주거 환경을 유지하면서도 개인의 경제적 리스크를 최소화할 수 있습니다.

기요노 「셰어 야라이초」의 월세는 얼마인가요?

구마 월세는 73,000엔, 관리비는 12,000엔으로 총 85,000엔입니다. 여기에는 수도, 광열비, 와이파이 사용료가 포함됩니다. 입주 시에는 사례금 없이 보증금으로 한 달치의 월세를 받고, 퇴실 시에는 그 금액에서 청소비

일만 엔을 제외하여 반환합니다.

기요노   운영은 어떤가요?

구마   간신히 균형을 맞추는 수준입니다만, 인기가 있어 빈방이 생기는 일은 없습니다.

기요노   도쿄 도심에 위치한 역 근처의 한적한 주택가에서 월세 10만 엔 이하의 가격으로 제대로 설계된 단독 주택에서 거주할 수 있는 거군요. 절대적인 프라이버시를 고집하지 않는다면 이러한 주거 방식을 고를 수 있다는 것 자체는 주거 혁신이라고 봐도 좋겠네요.

구마   장기적으로는 고령자 시설로 발전시키고 싶어요. 고령자 시설은 교외나 시골에 지어지는 경우가 많은데, 그렇게 되면 노인들은 어쩔 수 없이 사회에서 격리되고 말죠. 저는 거기에 이의를 제기하고 싶습니다. 고령자도 월세 10만 엔 이하로 도심에 거주하면서 도시 속에 녹아들 수 있도록 말이죠. 그렇게 된다면 도시도 풍요로움과 다양성을 유지할 수 있습니다. 고령자는 자칫 집 안에만 머물기 쉬운데, 셰어 방식을 활용하면 모두를 거리로 이끌어낼 수 있습니다.

기요노   초고령화가 진행 중인 일본에서, 그리고 점점 고령자가 되어가는 저의 입장에서 보면 꽤 희망적인 이야기인걸요?

1) 삼저주의
   三低主義

구마 겐고와 미우라 아쓰시三浦展의 공저. 『삼저주의』 (안그라픽스, 2012)에서 언급된 경제 축소 시대의 치관으로서 〈저가격〉, 〈저자세〉, 〈저의존〉을 말한다. 여기서는 자신의 형편에 맞게 즐겁게 살아가는 〈저리스크〉도 함께 언급되고 있다.

2) 브루클린
   Brooklyn

뉴욕을 구성하는 다섯 개의 행정구 중 하나. 항만, 공업, 경공업 지구로서 노동자와 이민자의 거주가 많은 구역이었으나, 1990년대부터 맨해튼의 토지 가격 상승을 기피한 크리에이터나 아티스트, 비즈니스 인사들이 이주하면서 뉴욕의 새로운 트렌드 발신지로 떠올랐다. 역사적인 건축물인 창고나 공장을 리노베이션한 호텔, 카페, 상점 등이 세계적인 유행을 만들어내며 주목을 받았다.

3) 센트럴 이스트 도쿄
   Central East Tokyo

니혼바시日本橋, 간다神田, 아키하바라秋葉原, 아사쿠사浅草, 오시아게押上를 포함하여 도쿄 동쪽을 가리키는 명칭. 버블 시대에는 니시아자부西麻布가 위치한 미나토구港区만이 주목을 받았지만, 2000년대 이후에는 도심의 접근성과 옛 정취가 남아있는 거리가 재발견되면서 유행에 민감한 이들이 선호하는 도쿄의 인기 지역이 되었다. 리노베이션에 적합한 건물이 많은 것도 이 지역의 특징이다.

「셰어 아라이초」 ― 개인의 소유라는 덫

제3장 　가구라자카 「TRAILER」
　　　　── 유동하는 건축

오랜 지속이 옳다는 착각

구마　앞 장에서 제가 운영하는 셰어하우스 「셰어 야라이초」에 대해 이야기했습니다만, 같은 가구라자카에서 2016년부터 1년 동안 포장마차 비스트로 가게도 운영했습니다. 아들 다이치 구마와 함께 기획한 「TRAILER」라는 와인 비스트로 가게입니다.

기요노　어디서, 무엇을 계기로 시작했나요?

구마　「셰어 야라이초」 근처에 셰어하우스를 확장하기 위해 토지를 매입하면서부터 시작되었습니다. 가구라자카에 셰어하우스가 밀집한 특이한 동네를 만들고 싶었는데 도쿄 올림픽과 타워 맨션 열풍으로 공사비가 폭등한 탓에 착공을 미루고 있었죠. 그러다 트레일러 하우스 「JYUBAKO住箱」 (2016)가 계기가 되었습니다. 아웃도어 용품 제조사 스노우 피크의 야마이 토오루 사장 의뢰로 디자인한 나무로 만든 것이었는데, 이왕 만든 김에 저도 써보면 재미있겠다 싶었죠.

기요노　셰어하우스의 집주인이 된 구마 겐고가 이번에는 '노상'으로 진출했군요.

구마　사실 스노우 피크로부터 받은 의뢰는 트레일러가 아닌 텐트였어요. 참신한 텐트를 디자인해줄 수 없겠느냐는 제안이었고 그건 저도 솔깃해지는 일이었죠.

기요노　구마 씨는 「오리베의 다실織部の茶室」(2005, 플라스틱

트레일러 하우스 「JYUBAKO住箱」(구마 겐고 건축도시설계사무소 제공)

상자), 「Casa Umbrella」(2008, 폴리에스테르 부직포), 「청해파青海波」(종이), 「Cidori」(2007, 목재) 등 얼핏 농담처럼 보이는 실험적인 설치 작품이나 파빌리온 작품을 다수 발표했습니다. 도쿄대학의 구마 연구실에서도 학생들에게 파빌리온 제작을 적극적으로 지도하고 있고요. 그 흐름을 고려하면 텐트만큼 적합한 것도 없네요.

구마 그렇죠? 그런데 막상 해보니까 텐트는 너무 어렵더라고요(웃음). 스노우 피크는 아웃도어 용품을 만드는 회사로서 오랜 세월에 걸쳐 축적해온 물리학이나 역학적 데이터가 있습니다. 이를 참고하여 가느다란 봉과 천의 장력으로 새로운 조형을 만들어낼 수 있지 않을까 싶었지만 쉬워 보이면서도 어렵더라고요. 단순히 디자인으로 텐트를 꾸미는 게 아닌 '유동하는 건축', '건축의 유동성'이라는 개념을 담아보자는 야심이 있었는데 결과적으로 건축으로 발전시키지는 못했습니다.

기요노 방금 말씀하신 '유동하는 건축', '건축의 유동성'은 언어적 모순을 내포하고 있는 듯합니다만….

구마 정확합니다. 하지만 가상현실이나 증강현실의 기술이 갈수록 빠르게 진화하는 요즘에는 컴퓨테이셔널 디자인처럼 건축에도 수학적 변수를 도입하여 동적인 구조를 생성하려는 설계 기법이 등장하고 있어요. 이는 유동성을 둘러싼 새로운 흐름이라고 해도 좋습니다.

기요노 변수라뇨?

구마 상업 시설을 예로 들면 예산, 토지 조건, 법규 같은 전통적인 제약 조건에 더하여 사람의 흐름이나 혼잡도 같은 데이터를 포함한 최적의 해답을 도출하는 방식입니다. 하지만 제가 말하는 '건축의 유동성'이란 '본질적으로 고정된 물질인 건축을 어떻게 자유롭게 만들 수 있을까', '언어적 모순을 어떻게 모순이 아닌 것으로 바꿀 수 있을까' 하는 도전이에요. 빈틈없이 계산된 변수가 아닌 진흙투성이 같은 도전을 통해 건축 본연의 재미를 드러내고자 고군분투하고 있습니다.

기요노 사례를 들어줄 수 있을까요?

구마 「나카가와마치 바토 히로시게 미술관」(2000, 이하 히로시게 미술관)은 목재라는 소재의 진정한 재미를 알게 된 건축 중 하나입니다. 콘크리트가 전성기를 누리던 시절의 규율을 어기고 지붕과 외벽 모두를 목재로 '만들어 버렸습니다'.

기요노 '만들어 버렸다'뇨? 무슨 유치원생의 공작 놀이도 아니잖아요. 게다가 유동성 이전에 내구성과 내화성 같은 현실적인 과제가 있었을 텐데요.

구마 물론 여러 시행착오가 있었습니다. 당시에는 목재의 불연화를 독자적으로 연구하는 안도 미노루安藤実 씨를 만나

지붕과 벽에 사용하는 목재의 불연화 처리를 실현할 수 있었습니다. 20년 전과 비교하면 지금의 목재의 불연화 기술은 놀라울 정도로 발전했지만, 당시에는 공공건축물, 특히 소장품을 보관해야 하는 미술관을 목재로 짓는다는 건 감히 상상할 수 없는 일이었죠. 유동성이라는 측면에서 볼 때, 당시 목재라는 재료는 '오래 지속되지 않기 때문에' 줄곧 추구해온 건축에 적합하다고 생각했죠.

기요노 네? 오래 '지속되는 것'이 아닌 '지속되지 않는 것'이 맞나요?

구마 그렇습니다. 전후 일본인은 '오래 지속되는 것'이 옳다고 세뇌당했죠. 그래서 콘크리트 건축이 영구적인 자산이라는 식으로 착각하게 된 거고요. 저 역시 콘크리트 풍조에 어느 정도 물들어 있었고, 그로 인해 사람들 사이에서 실패작으로 불리는 건축도 만들었습니다. 하지만 목재로 건축물을 짓게 되면서 작업에 마주하는 시간을 훨씬 더 유의미하게 보낼 수 있었습니다. '사람도 건축도 끊임없이 유동하면서 유한한 시간을 살아가고 있다'는 일종의 종교적인 깨달음을 목재라는 재료를 통해 깨닫게 된 거죠.

기요노 구마 씨의 '유레카!'는 목재였군요

구마 그때부터 '건강할 때 마음껏 건축을 즐기지 않으면…' 이라는 생각으로 완전히 뒤바뀌었죠. 이전까지는 건축으로 세상의 가치관을 바꿔보겠다는 불손한 야심이었지만요(웃음). 스노우 피크의 이야기로 돌아가, 텐트를 만들지 못했던 설욕의 의미를 담아 텐트 이상, 방갈로 미만의 무언가를 만들 수 없을까 고민하던 때, 스노우 피크에는 트레일러 전문 공장이 있다는 이야기를 들었어요. 그래서 기후에 위치한 공장을 방문해보니 건축계의 상식으로는 도무지 상상하지 못할 정도로 저렴하게 공간을 만들 수 있다는 사실을 알았어요. 그건 정말 '눈에서 비늘이 벗겨지는 듯한' 깨달음이었습니다.

도심 속 빌딩 틈새에 만든
트레일러 하우스

기요노 트레일러 하우스라고 하면 미국의 히피 코뮌이나 영화나 소설에 등장하는 풍경이 떠오릅니다.

구마 1960년대의 미국 말인가요? 하지만 미국의 경우, 투박한 금속 재질로 인해 환경에 전혀 스며들지 못하죠. 저는 그와 전혀 다른 공간으로서 목재로 만든 트레일러 하우스를 구상하고 「JYUBAKO」라는 이름을 지었습니다. 폭 2.4미터, 길이 6미터로, 전체 면적은 약 $14m^2$ 규모입니다.

기요노 체감상으로 여덟 평도 안 되는 크기네요.

구마 주거용으로 사용한다면 퀸사이즈 침대에 거실이 있는 정도겠군요. 하지만 우리가 만든 트레일러 하우스는 미국과는 정반대로 '크게 만들지 않는 것'이 테마입니다. 세면대, 샤워, 화장실 등의 공간을 최소화하는 동시에 스노우 피크에서 요구하는 쾌적성을 만족하는 것이 가장 큰 도전이었습니다.

기요노 21세기에 유행하는 미니멀화군요. 가격은 어느 정도인가요?

구마 스탠다드는 400만 엔 정도에 천장 LED 조명 등의 옵션이 붙습니다. 게다가 트레일러 전용 부지가 아닌 장소에 설치하면 수도 설비 등의 설치 비용이 들고, 이동 시에는 견인 비용도 발생합니다.

기요노 여덟 평에 400만 엔이 적정한 가격인지 판단하기는 어렵네요. 장점은 어떤 게 있을까요?

구마 가격을 떠나 개념 자체가 흥미롭다는 점이죠. 토지에 얽매이지 않고 어디에나 설치할 수 있어요. 다만 설치하는 지역의 지방자치단체 조례를 따라야 하기 때문에 행정에 따라 다른 지도를 받습니다. 견인 이동 시에는 대형 차량으로 분류되어 번호판과 차량 검사도 필요하지만 일반적인 부동산 법규에는 얽매이지 않다는 점에서 유동성이 높죠.

기요노 예를 들어 가구라자카의 개인 토지에서 트레일러를 활용해 음식점을 운영하는 데에 큰 어려움은 없었나요?

구마 당연히 보건소에 신고서를 제출해야 하지만 개인 토지라면 외부적인 문제는 거의 발생하지 않습니다. 주방, 화장실 등 위생 설비는 토지 내부에서 해결하면 되니까요.

기요노 비스트로「TRAILER」는 아쉽게도 2017년 여름에 문을 닫았는데요, 사실 저도 가본 적이 있습니다. 구마 씨 가족이 특별히 애정을 가졌던 남자 직원은, 가구라자카의 비스트로에서 셰프로 일하면서 요리와 가게 전체의 운영을 담당했죠.

구마 가게를 맡긴 건 온카이 요헤이恩海洋平라는 젊은 친구였어요. 그의 아버지 온카이 히카루恩海光 씨는 1970~80년대 처음으로 미식 열풍이 일어났을 당시, 도쿄에서 '비스트로'라는 단어를 정착시킨 전설적인 셰프입니다. 그의 가게에는 유밍일본의 대표적 여성 싱어송라이터. 본명은 마츠토야 유미도 즐겨 찾았다고 하더군요. 저와는 가까운 사이로, 그가 다이칸야마에서 운영하던 이탈리안 레스토랑 FLAGS는 세타가야구의 가미우마에서 포장마차식으로 조그맣게 시작했을 때부터 다닌 곳이죠. 시부야의 아오야마가쿠인 근처의 빌딩 지하에서 그가 처음으로 시작한 상하이구락부上海俱樂部의 협소함도 굉장히 좋아합니다.

기요노 시간을 2017년으로 되돌려「TRAILER」의 모습을 떠올려보면, 가구라자카에서 와세다 방면으로 이어지는 큰 대로변에 위치해 있었죠. 빌딩 틈새에 불쑥 나타난 빈 부지에

「TRAILER」의 외관 (2017년 촬영)

포장마차를 두 배쯤 키운 듯한 크기의 목재의 트레일러가 다소곳이 자리하고 있었습니다. 내부에는 나무로 된 카운터를 경계로 주방과 손님용 스툴이 놓여 있었고 셰프와 손님과의 거리가 무척 가까웠어요.

메뉴는 오마카세 방식이며 브리타 치즈와 복숭아, 고수와 키위, 정어리와 우엉처럼 생각지도 못한 조합의 요리들이 잇따라 제공되었습니다. 메인 디쉬는 덩어리째 큼직하게 조리된 고기 요리로, 와인은 도시 사람들에게 인기를 끌던 내추럴 와인이었죠. 셰프의 동작과 손놀림은 경쾌했으며 조리 과정이 눈앞에서 척척 진행되는 현장감은 고급 레스토랑을 뛰어넘었습니다. 옆 사람과의 거리가 가까워 자연스럽게 대화가 시작되곤 했는데 다들 음식에 대해 정통하더군요.

물론 공간은 크지 않았지만 전혀 답답하지도 않았습니다. 측면의 개구부가 넓기 때문일까요? 도쿄 밤거리의 시끌벅적한 분위기 속에서도 불쑥 나만의 공간이 생겨난 듯한 묘하게 편안한 기분이 들었습니다.

<u>구마</u>   작은 건축은 자연스럽게 환경을 흡수할 수 있으니까요.

<u>기요노</u>   걱정했던 화장실은 트레일러 뒤편에 설치되어 있었죠. 정갈하면서도 세련된 공간이었기 때문에 오히려 인스톨레이션 건축처럼 느꼈습니다. '응? 구마 씨가 포장마차 비스트로를

한다고? 그건 너무 엉뚱한데…'라는 선입견도 있었지만, 뚜껑을 열어보니 역시 세련된 구마 겐고의 건축이었습니다. '트레일러를 포장마차식으로 해석하고, 건축적 실험을 음식이라는 이해하기 쉬운 회로를 통해 거리를 좁혔다!' 이러면 건축적 비평다운 설명이 되려나요?

구마   그렇게 복잡한 걸 시도하려는 의도는 없었지만요.

기요노   그래도 도쿄대학 교수이면서 「국립경기장」 설계에도 참여한 건축가가 포장마차를 한다면 누구나 의아해하는 반응이겠죠.

구마   저는 스스로를 '1인 CSR[기업의 사회적 책임1)]'로 부르고 있습니다. 시장이나 권위와는 다른 위치에서 건축가의 존재와 건축의 가치를 재정의해야 한다고 생각하거든요. 소위 '선생님'으로 불리는 폐쇄적인 세계에서는 포장마차 설계 따윈 상상할 수 없는 것이 일반적이죠. 그러나 공생, 다양성, 상부상조가 요구되는 현재 시대에는 '선생님이 바라보는 시선'은 완전히 구식입니다. 실제로 한신·아와지 대지진과 동일본 대지진이라는 두 번의 대지진을 겪은 젊은 세대는 콘크리트로 지은 커다란 건축보다 오히려 가설 건축에 현실감을 느끼고 있을 겁니다. 그래서 저도 아들과 함께 「TRAILER」에 도전할 수 있었던 거죠.

제3장

방랑하는 건축의 시작이 된
아프리카 조사

기요노   SNS가 기존의 권위를 무너뜨렸다는 말이 나오는 가운데, IT 혁명은 구마 씨의 가치관에 어떤 영향을 미쳤나요?

구마   물론 시대적 흐름 속에서 영향을 받긴 했지만, 그보다 먼저 일본의 아카데미즘의 현실을 몸소 실감했다는 점이 컸다고 봅니다. 미국이 절대적인 본보기가 되어야 한다고 생각하지 않지만, 그래도 미국에서는 스탠퍼드나 MIT, 캘텍이 세계 속에서 혁신을 주도하며 학계와 사회의 관계성을 구축해왔으니까요.

기요노   반면에 일본 대학의 상황을 들여다보면….

구마   구시대적인 일본 대학의 교수들은 세계의 혁신적인 흐름과는 동떨어져 있습니다. 이들은 정부의 이름 모를 위원회에 불려 가서는 겉보기엔 그럴싸하지만 실제로는 쓸모없는 이야기만 늘어놓으며 정책 결정의 들러리로 이용될 뿐이에요. 제가 파빌리온이나 인스톨레이션 건축을 만들거나 학생들에게도 만들도록 가르치는 이유는 반反 위원회, 비非 위원회의 입장을 취하고 있기 때문입니다. 스스로도 약간 비뚤어진 성격이라고 생각합니다만, 현대 사상가인 슬라보예 지젝 또한 '위원회 시스템이야말로 현대의 병이다'

라고 말할 정도니까요. 다만 그와는 별개로 '트레일러' 혹은 '방랑하는 건축'에는 대학원 시절에 겪었던 무척 즐거운 체험이 있습니다.

기요노　들어보도록 할까요.

구마　대학원 시절, 아프리카 알제리를 시작으로 니제르, 코트디부아르를 가로지르는 사하라 사막의 필드워크를 떠났습니다. 당시 은사였던 하라 히로시 교수님과 대학원생 다섯 명이 멤버가 되어 스바루 레오네를 개조한 자동차에 조그마한 텐트를 실은 채, 마치 베두인처럼 사막에서 야영을 하며 떠돌아다녔습니다. 낮의 사막은 타는 듯한 고온이지만, 밤에는 굉장히 추워집니다. 그렇게 텐트에 여러 겹의 천을 덧대고, 여러 겹의 이불을 깔고, 두툼한 옷을 껴입은 채로 별을 바라보며 모닥불을 피웠습니다. 그렇게 잠이 들 때까지 건축에 대한 이야기를 나눴죠.

기요노　낭만적이군요. 청춘 그 자체네요.

구마　현실은 전혀 낭만적이지 않았어요. 필드워크라고 해도 마을에 장기간 체류하면서 사람들과 어울리는 '참여 관찰'이 아닌 하루 종일 사막과 초원을 총알같이 질주하다 마을이 보이면 방문하는 식이었으니까요. 하루에 두세 곳, 두 달 동안 백 곳 정도를 조사했는데 사전에 허가를 받지 않고 무턱대고 방문한 것이 문제였죠. '외지인이 습격해왔다'며 오해를 받아

공격당할 수도 있으니까요. 실제로 죽임을 당하더라도 불평할 수 없는 상황이었죠. 하지만 무엇보다 인상적이었던 건 하라 선생님이었습니다. 전혀 겁을 먹지 않고 마을 안으로 거침없이 들어가서는 지어진 집들의 치수를 모조리 재는 거예요. 멀리서 지켜보는 아이들에게는 볼펜을 나누어주면서 우리가 해를 끼치지 않는 존재라는 걸 알렸죠. 그러면 최고 우두머리가 나타나 환영하는 의미로 쥐나 박쥐로 만든 음식을 대접하기도 했고요.

<u>기요노</u>　인디아나 존스의 세계 아닙니까.

<u>구마</u>　정말 굉장한 여행이었죠.

단게 겐조를 향한 동경과 실망

<u>기요노</u>　구마 씨가 건축가를 꿈꾸게 된 계기는 1964년 도쿄 올림픽으로, 단게 겐조가 설계한「국립 요요기 경기장」(이하 요요기 경기장)에 감명을 받았기 때문이죠. 그런데 아프리카로 향한 것은 다소 거리감이 있어 보이는데요. 어째서 단게 건축에서 아프리카로 도약하게 되었나요?

<u>구마</u>　좋은 질문이네요.「요요기 경기장」을 처음 봤을 때의 감동은 아직도 생생합니다. 초등학생이었던 저는 아버지를 따라 놀러 갔다가 시부야의 언덕을 올라가자마자 눈앞에

나타난 참신한 현수 구조의 경기장에 한눈에 마음을 빼앗겼죠. 제1체육관 수영장의 높은 천장에 뚫린 천창에서 수면 위로 쏟아지던 반짝이는 햇살이 신성하다고 느낄 정도였어요. 그저 고양이를 좋아하는 내성적인 소년이었던 저는, 돌연 '건축가가 되겠다'고 결심하면서 단게 씨를 동경하게 되었죠. 중학교에 들어가서는 단게 문하의 구로가와 기쇼 씨가 말하는 메타볼리즘에도 매료되었습니다.

기요노 메타볼리즘이란 신진대사를 의미하는 단어로, 건축이 신진대사를 이루면서 도시를 갱신해나간다는, 당시 건축계의 새로운 개념입니다. 환경의 시대를 마주한 지금에서 돌이켜보면 시대를 앞서간 사상이었다고 생각해요.

구마 맞아요. '환경'과 '아시아와의 공생'을 외치던 메타볼리스트의 주장에 굉장히 매력을 느꼈습니다. 그래서 1970년 오사카 엑스포에 구로가와 씨가 만든 파빌리온이 있다는 소식을 듣고 큰 기대에 부풀어 구경하러 갔습니다. 하지만 그건 철로 만들어진 괴물 같은 구조물이었고 기대가 컸던 만큼 실망도 컸죠. 당시에는 공해 문제가 부각되던 시대였기 때문에 저는 건축이 '환경'과 '아시아와의 공생'을 통해 공업화 사회의 부정적인 측면을 극복했으면 하는 바람이 있었습니다. 그러나 그들은 공업화 그 자체를 하고 있을 뿐이었어요. '어디가 메타볼리즘이고, 무엇이 아시아와의 공생인가'라며 그들에 대한 회의감이 한순간에 몰려왔습니다.

기요노　그 후 난관을 뚫고 도쿄대학의 건축학과 학생이 되었군요.

구마　그렇게 10대 후반부터 20대 초반까지는 줄곧 답답함을 느끼고 있었습니다. 대학이 잘난 척하며 가르치는 르 코르뷔지에의 건축도 전혀 와닿지 않았고요. 일본 건축사를 가르치던 교수님의 이야기 또한, 저에게는 낡고 진부할 뿐만 아니라 너무나도 딱딱했기 때문에 도대체 어디에 초점을 맞춰야 할지 도무지 알 수 없었죠.

기요노　단게 씨를 향한 동경은 어떻게 되었나요?

구마　제가 학부생이었던 시절, 정년을 맞은 단게 씨의 마지막 강의에서 구로카와 씨, 이소자키 씨로 이어지는 드라마틱한 바통터치를 직접 목격할 수 있었죠. 하지만 「요요기 경기장」 이후의 단게 건축은 공업화 시대의 콘크리트와 철 덩어리로밖에 보이지 않아 계속해서 실망하게 되었습니다. 단게 연구실에서는 구로카와 씨를 비롯하여 이소자키 씨와 같은 스타 건축가도 배출되었지만, 이소자키 씨의 발언은 지식을 뽐내는 듯한 특권적인 냄새가 짙었으며, 저에게는 현학적으로 다가왔어요.

기요노　그게 바로 이소자키 씨의 매력이죠(웃음).

하라 히로시 선생님께 배운 것

구마   이소자키 씨는 건축의 문화적 수준을 끌어올렸지만, 한편으로는 건축과 커뮤니티의 관계를 단절시켰죠. 그에 대한 답답함을 느끼고 있을 때, 하라 히로시 선생님의 연구실에서 세계 변방의 취락을 조사하고 있다는 소식을 듣고 처음으로 눈앞의 세계가 확 트인 듯한 기분이 들었습니다.

기요노   인기가 많은 연구실이었나요?

구마   아뇨, 당시의 하라 연구실은 괴짜들이 가는 곳이라는 인식이 있었기 때문에 인기가 전혀 없었죠. 위치도 혼고 캠퍼스가 아닌 롯폰기에 있는 생산기술연구소에 있었기 때문에 단게 연구실처럼 정통파라는 느낌은 없고, 괴짜스러운 분위기와 변두리 느낌이 강하게 풍겼죠.

기요노   그렇게 말하면 하라 선생님께 혼나지 않을까요?

구마   괜찮아요. 그런 소심한 분이 아니니까요(웃음).

기요노 하라 선생님은 1936년생으로, 도쿄대학 교수이자 포스트모던 건축의 기수 중 한 사람으로 꼽히며 「우메다 스카이 빌딩」(1993), 「교토역 빌딩」(1997) 등의 대형 건축물도 다수 설계했습니다. 대중적으로 인기가 있는 타입은 아니지만 일본 건축계를 대표하는 작품을 남긴, 스타의 계보에 연결되는 '반드시 알아야 하는 인물 중 한 사람'이죠.

기요노   구마 씨는 하라 선생님을 어떻게 생각하나요?

구마   영화 『산초메의 석양=三丁目の夕日』(2005)에 등장하는, 골목에서 담배를 피우는 쇼와 시대 인간의 프로토타입을 좀 더 아카데믹하게 만든 느낌의 사람이랄까요.

기요노   그게 대체 어떤 사람이죠?

구마   1960~70년대 일본 학생운동을 이끌었던 세대보다 앞선 세대에서 자신만의 길을 걷던 분입니다. 단카이 세대_{전후 베이비붐기에 태어난 세대}에는 없는 순수한 꿈을 내면에 품었으며 '앞으로는 마음의 시대다!'라고 말하곤 했어요. 제가 대학원생이던 1970년대 후반은 1980년대의 소비적인 세존컬처_{セゾンカルチャー-일본의 유통 기업 〈세존 그룹〉이 1980년대에 다양한 문화 활동을 후원하며 형성된 독자적 문화}가 시작되기 직전이었습니다. 사회에는 아직도 학생운동의 어두운 여운이 남아 있었고, 쇼와 특유의 눅눅한 분위기도 감돌던 시절이었죠. 그런 가운데 하라 선생님이 지닌 애수 어린 분위기에는 말로 표현할 수 없는 따스함과 깊은 여운이 느껴졌습니다.

기요노   아프리카 조사는 하라 선생님의 아이디어였나요?

구마   하라 연구실에서는 2~3년에 한 번 정도 취락을 조사하는 전통이 있었습니다만, 아프리카 조사는 제가 강하게 밀어붙였습니다. 하라 선생님은 '아프리카? 정치 상황도 그렇고 질병도 위험하지 않아?'라는 반응이었지만 선생님의 마음을 얻기 위해 자금 조달과 스케줄 조정 등 모든 것을 제가 주도했습니다. 도요타 재단, 가시마 재단, 학술 기관 등 하라 선생님을 모시고 함께 찾아가 지원금을 요청한거죠. 선생님은 말솜씨가 서툴렀기 때문에 도쿄대학 교수 명함을 내민 후 뒷좌석에 앉고 이후에는 제가 계속해서 이야기했죠. 그렇게 수백만 엔의 자금을 끌어모았습니다.

기요노   구마 씨는 줄곧 본인을 '수동적인 사람'이라고 표현하지만 굉장히 적극적인데요?

구마   그때는 하라 선생님이 아무 말을 안 하니 능동적일 수밖에 없었어요. 연구실의 환경도 너무나 형편없었고요 (웃음). 더군다나 하라 선생님은 매일 밤 마작을 즐겼으니까요. '나는 아무것도 해주지 않을 거야'라는 사실을 주입당한 것 같아요. 지금 생각해보면 하라 선생님의 교육 방식에 보기 좋게 넘어가버렸네요. 그 덕분에 건축이란 '누구도 도와주지 않는다', '내가 움직이지 않으면 시작되지 않는다', '스스로 능동적으로 행동해야만 한다'라는 근본적인 사실을 깨달았습니다. 실제로 아프리카 필드워크는 제 인생에서 커다란 전환점이 되었고요. 그전까지는 '학교에서 배운 걸 그대로 받아들이면 시험에서 좋은 성적을 낼 수 있다'는 일본 특유의 주입식 교육에 편입되어 있었습니다.

그런데 아프리카 필드워크 이후 그로부터 벗어날 수 있었어요. 배운 것을 의심하고 스스로 나아가는 방식에 눈을 뜨게 된 거죠.

인터넷처럼 분산된 형태를 가진 아프리카 마을

기요노 아프리카 사막의 풍경은 어땠나요?

구마 바람과 빛이 만들어내는 조형은 도저히 일상에서 경험할 수 없는 광경이었습니다. 몸이 날아갈 것 같은 모래폭풍의 한가운데서도 넋을 잃고 바라볼 정도였으니까요.

기요노 예전에 중동의 사막에 간 적이 있는데 거기에 살던 베두인 남성이 "주말이면 가족과 함께 사막에 놀러가는 게 이곳의 여가 활동이다"라고 하더군요. 우리가 해수욕을 즐기는 것처럼 사막 국가의 사람들은 사막욕을 한다는 사실이 굉장히 신기했습니다.

구마 하라 선생님이 대단한 점은 이처럼 개념이 정반대인 사막을 당당히 헤치고 들어가 취락 전체의 배치와 구성을 단숨에 도면화했다는 점입니다. 교토처럼 바둑판 모양의 도시라면 도면화가 그리 어렵지 않을지 모르지만 우리에게는 낯선 취락이니까요. 그런 삼차원적인 복잡한 구성을 도면화하는 건 굉장히 어려운 일이거든요.

기요노 보통이라면 그런 어려운 일은 학생에게 다 떠넘길 것 같은데요(웃음).

구마   한마디로 하라 선생님은 톰 소여2) 같은 사람이에요. 예전에 저와 다른 학생들은 도쿄 외곽 지바의 산골짜기에 있는 선생님이 설계한 주택 현장에 불려가, 콘크리트 타설 아르바이트를 떠맡은 적이 있어요. 아침 6시부터 밤 12시까지 일만 하는 그야말로 열악한 현장이었습니다. 시공업체도 도망쳐버려 인력이 부족해진 상황 속에서 아무것도 모르는 저희가 투입된 거죠. 콘크리트도 기계가 아닌 손으로 반죽했고요. 숨을 헐떡거리며 콘크리트를 계속 타설하는 저희의 모습을 본 하라 선생님은 '어때, 재미있지?'라고 하더군요.

기요노   '너도 울타리에 페인트를 칠해보고 싶지?'라는 식이네요. 그렇다면 아프리카의 취락 조사를 통해 무엇을 발견했나요?

구마   각각의 집들은 아무런 맥락 없이 분산된 듯하지만 실제로는 우물이나 사당 등이 생활의 거점으로 모두가 연결되어 있다는 사실입니다.

기요노   오, 인터넷을 떠올리게 하네요.

구마   맞아요. 1970년대 아프리카 사막에서 인터넷과 비슷한 타이폴로지의 발견을 계기로 개별적으로 흩어져 있는 네트워크의 구성 방식에 대해 깊은 자극을 받았습니다.

왜냐하면 일본의 도시나 시골 모두, 흩어진 형태가 아닌 밀착된 구조니까요. 그동안 일본의 바짝 들러붙은 듯한 느낌이 너무나도 싫었던지라 어떻게든 벗어나고 싶어졌습니다.

기요노　그렇군요. '건축의 유동성'이라는 테마로 연결되기 시작했네요.

인생의 목표는 텐트의 느긋함을 만드는 것

구마　저희를 받아준 베두인족의 취락에서는 지역의 재료들을 직접 손으로 조립하여 집을 짓더군요. 사바나에서는 어도비햇볕에 말린 흙벽돌로 건물을 지었으며, 바다에 가까워질수록 어도비가 아닌 나무, 대나무, 야자 같은 재료로 지어진 건물도 볼 수 있었습니다.

기요노　구마 씨의 2000년대 초반 작품「안요지 목조 아미타여래 좌상 수장시설」(2002)의 그 박력 넘치는 외벽은 어도비의 체험을 바탕으로 만든 건가요?

구마　어도비는 중동에서 중국 일대에 걸쳐 사용된 일상적인 건축 재료입니다. 한반도를 통해 일본에 전파되었다는 그 기술을 야마구치현 도요우라에서 우연히 발견했습니다. 안요지安養寺의 아미타여래阿弥陀如来 좌상은 12세기의 목조 불상이며 국가 중요문화재입니다. 수장고의 통기성을 어떻게 확보할지를 고민하던 때, 도요우라의 오래된 창고가 어도비로 만들어졌다는 사실을 알게 되었습니다. 이때 미장 장인인 구스미 아키라久住章 씨가 현지의 흙에 볏짚을 섞는 방식을 고안해준 덕분에 어도비를 만들 수 있었습니다.

기요노   그야말로 재료의 발견이군요.

구마   또한 아프리카의 취락 체험을 통해 목재로 만들어진 낡고 허름한 저의 본가 건물의 매력을 저만의 시선으로 재발견할 수 있었죠. 그전까지만 해도 일본 각지의 풍경이 콘크리트의 유행으로 휘황찬란하게 바뀌어가는 분위기 속에서 허름한 목조 주택이 조금은 부끄럽다고 느꼈거든요. 아프리카를 거치면서 일본의 허름한 집이 처음으로 흥미롭게 보이기 시작했습니다. 일본건축사 교수님들이 잘난 체하며 설명하는 예술적인 스키야 건축다실을 바탕으로 발달한 일본 전통 건축 양식이 아닌, 보다 민속적이고 토속적인 것이죠. '내가 좋아하는 건축은 이런 거구나!'라며 본가의 건축을 이해하게 되면서 비로소 저만의 가치관을 수용할 수 있었습니다. 더욱이 아프리카에서는 사바나나 해안가가 아닌 사막 한가운데처럼 기후 조건이 매우 혹독한 장소에서는 건물은 완전히 사라지고 텐트로 대체됩니다.

기요노   건축이 영구적인 것이 아니게 되는군요.

구마　　낙타 등에 텐트를 실은 베두인 청년은 자유롭게 이동합니다. 천으로 감싼 라디오 카세트를 품에 안은 채 말이죠. '건물에 구속되지 않고 살아가는 모습이 정말 멋있구나'라고 느꼈죠. 그때부터 지금까지 '어떻게 해야 이러한 텐트의 느긋함을 만들 수 있을까'가 인생의 목표가 되었습니다. 이후 대학원을 졸업하고 취직했다가, 퇴직한 후에 뉴욕에서 유학을 하고, 그 이후로 독립하고 시간이 많이 흘렀지만 아직까지 텐트를 만들지 못했어요.

기요노　　트레일러는 만들었지만 여기에 도달하기까지 학생 때부터 무려 40년이라는 세월이 걸린 셈이네요. 그럼에도 아직까지 텐트는 만들지 못했다고요.

구마　　그렇다고 볼 수 있겠네요.

기요노　　가구라자카에서 영업을 마친 「TRAILER」는 그 뒤 어떻게 되었나요?

구마　　몇몇 장소를 떠돌다가 지금은 홋카이도 다이키쵸에 있는 「MEMU EARTH HOTEL」 2022년 폐점 부지에 임시로 놓여 있습니다. 「MEMU EARTH HOTEL」은 LIXIL주생활재단住生活財団이 만든 실험형 에코 빌리지로, 도쿄돔 네 개 분량에 달하는 약 5만 6천 평의 광대한 부지에 목장, 실험 주택, 컨퍼런스 센터, 숙박 시설 등을 여기저기 흩어놓고 차세대 라이프 스타일을 모색하는 곳입니다. 다만 트레일러는

2년에 한 번씩 차량 검사를 받아야 해서 그때마다 내부 장비를 전부 제거해야만 하죠. 건축물도 아니고 자동차도 아닌 점이 매력이지만, 오히려 귀찮은 절차도 필요하다 보니 속내를 털어놓자면 상당히 고단한 일이에요.

기요노　「TRAILER」가 도쿄 각지를 방랑해준다면 더할 나위 없겠지만 역시나 '방랑하는 트레일러', '유동하는 건축'이 되기 위해서는 비용이 드는군요.

구마　그렇습니다. 베두인의 삶을 사는 게 가장 어렵다는 사실을 뼈저리게 실감하고 있습니다.

1) CSR
   Corporate Social Responsibility
기업의 사회적 책임을 의미한다. 여기에는 기업이 단순히 이윤을 추구하는 데 그치지 않고 동시에 사회에 대한 책임도 다해야 한다는, 현대 기업 사회에 부여된 새로운 역할을 포함한다. 오늘날 대기업들은 CSR 부서를 갖추는 일이 필수가 되었다.

2) 톰 소여
   Tom Sawyer
미국 작가 마크 트웨인Mark Twain의 불후의 아동 문학 『톰 소여의 모험』의 주인공이다. 장난을 치다 받은 벌로 담장에 페인트칠하게 된 톰은 그 일을 마치 재미있는 놀이처럼 꾸며 친구들에게 떠넘기고, 더 나아가 그들로부터 보물까지 빼앗아내는 타의 추종을 불허하는 재능의 소유자다.

제4장 기치조지 「텟챵」
― 목조로 된 매력적인 판잣집

가부키자, 도쿄중앙우체국과
어깨를 나란히 하는 텟챵

기요노   앞장에서 구마 씨가 만드는 건축의 원점은 '텐트'이며 지금도 여전히 좇고 있는 중이라는 이야기를 했습니다.

구마   저는 건축의 테마 중 베두인의 텐트가 가장 멋지다고 생각합니다. 현실에서는 여러 제약이 있지만 '텐트적인 요소를 살린 지속적인 건축'을 만들기 위해 지금도 계속해서 도전하고 있습니다. 다만 40년 넘게 시도했음에도 좀처럼 쉽지 않네요.

기요노   텐트가 지니는 유동적이라는 본질을 영구적인 건축에 담아내려는, 일종의 모순된 과제에 도전하고 있기 때문이겠죠. 보통은 그런 번거로운 일은 피하려고 하잖아요.

구마   애초부터 저는 삐뚤어진 성격이기 때문에(웃음)…. 그럼에도 나무나 천 등의 다양한 재료를 사용하면서 이 모순을 뛰어넘을 수 있다고 계속 믿고 있습니다.

기요노   가구라자카에 포장마차 비스트로「TRAILER」를 오픈했을 무렵, 구마 씨는 판잣집에 가까운 야키토리 가게도 설계했죠.

구마   맞아요. 기치조지에 위치한 하모니카 요초[1]의 「텟챵てっちゃん」(2014)입니다. JR역 앞의 혼돈스러운 요코초의 1층과 2층을 합쳐 약 20평 정도의, 그야말로 굉장히 작은 건축

시모키타자와에 위치한 「텟창てっちゃん」

인테리어 작업이었습니다. 예산이라고는 거의 없었고 설계비는 낮은데다가, 공사비는 그보다 더 낮아서 정말이지 웃음밖에 안 나왔죠.

기요노 일반적으로 건축가의 설계료는 전체 공사비의 일정 비율로 계산되다 보니 예산이 정말로 부족했을 것 같아요. 구마 씨는 하모니카 요코초의 「텟챵」을 시작으로 시모키타자와의 「텟챵」(2017), 「hym 하모니카 요코초 미타카」[2] (2017) 등 연달아 요코초 건축을 설계했습니다. 이 프로젝트에 참여했던 2010년대는, 사실 구마 씨에게 대형 건축 프로젝트가 몰려드는 시기였습니다. 도쿄에서는 「가부키자」(2013)와 도쿄역 마루노우치 출입구에 위치한 「도쿄 중앙우체국」의 재개발 프로젝트인 「JP타워」 내의 상업 시설 「KITTE」(2013) 등 중심부에서의 대형 프로젝트가 계속되었습니다. 여기에 「텟챵」이라는 작업이 함께 진행되었다는 사실은 말로 설명하기 어려운 수수께끼인걸요.

구마 「가부키자」, 「중앙우체국」은 도쿄에 있어 중요한 도시 건축입니다만, 제가 도쿄의 도시 재생에 대해 이야기한다면 「가부키자」, 「KITTE」, 「텟챵」 이 세 가지를 나란히 언급하고 싶습니다. 그만큼 텟챵은 중요하고도 소중한 프로젝트입니다.

제4장

의자, 벽, 천장에 뒤엉킨 '모자모자'

기요노 그럼 현지로 이동해볼까요? JR 기치조지역 바로 앞 선로드 상점가 근처라는 최고의 입지에는, 전쟁 후 암시장에서 시작된 구역이 여전히 남아있습니다. 사실 기치조지는 제가 대학 시절을 보낸 동네이기도 합니다. 하모니카 요코초에 들어간 적은 거의 없지만 아메요코ｱﾒ横-전후 암시장으로 시작된 도쿄 우에노의 유명한 상점가에 있을 법한 수입품 가게가 있어서 당시 유행했던 프렌치 라코스테의 폴로셔츠를 파는 가게를 찾아 미로 같은 골목을 헤맸던 기억이 납니다.

구마 몇 년 전 일이죠?

기요노 (먼 곳을 바라보며)40년 전이네요.

구마 약 3,000m^2의 넓이를 가진 구역이 아직도 남아 있습니다. 그것도 상업적인 변화가 엄청난 기치조지 역 앞에 말이죠.

기요노 스크랩 앤 빌드건축물을 철거(스크랩)한 후에 새로운 것을 건설(빌드)하는 방식가 기본인 도쿄에서 정말 기적적인 이야기네요. 실제로 하모니카 요코초를 제외한 기치조지 역 앞의 대부분이 바뀌었죠. 쇼와 시대의 기치조지 선로드 상점가는 개성 넘치는 가게들이 모여있는, 무사시노시의 여유를 그대로 반영한 아케이드 상점가였습니다. 그러나 지금은 패스트

기치조지에 위치한 하모니카 요코초

푸드와 드럭스토어 간판으로 가득하죠. 이세탄과 긴테츠 같은 백화점도 사라졌고요. 그러나 마을 전체가 프랜차이즈 가게로 바뀌어 가는 가운데, 하모니카 요코초에 들어서는 순간 다른 세계가 펼쳐집니다. 그 점만은 변하지 않았네요.

구마 　『신 무라론』에서 함께 시모키타자와 고엔지를 걸었을 때의 시모키타자와 역 앞 암시장의 흔적도 간신히 남아있었죠. 언제 꺼져도 이상하지 않을 정도로 위태로웠지만요.

기요노 　독특한 분위기로 사랑받던 시모키타자와 역 앞 식품시장도 이후에는 오다큐선의 지하화 및 선로를 확장하는 사업으로 인해 자취를 감췄습니다.

구마 　도쿄가 세계에 자랑할 만한 건축에 「가부키자」가 있는 건 당연합니다. 한편 하모니카 요코초 같은 공간이야말로 도시 속의 매우 희귀한 자산이기 때문에, 이를 도쿄와 일본이 세계에 자랑해야 한다고 봅니다. 저는 이 점을 강조하고 싶습니다. 최근 유행하는 마을 걷기나 건축에 대한 관심은 골목에서 매력을 느꼈기 때문에 나타난 현상이죠. 건축가라면 생각만 할 게 아니라 골목으로 뛰어들어 실천해야 합니다.

기요노 　골목 이곳저곳을 구경한 후 드디어 「텟쨩」 앞에 도착했습니다. 야키토리를 굽는 연기가 자욱하게 피어오르며 주말 한낮임에도 가게 안은 손님으로 북적입니다.

은퇴한 듯한 아저씨들이 특별히 눈에 띄는데요. 얼마 전까지만 해도 신바시에서 술잔을 기울였을 것 같지만 정년퇴직 후의 해방감 때문일까요, 아저씨들끼리 어깨를 맞댄 모습이 즐거워 보이네요.

구마   이 가게에는 여성 손님도 많고, 특히 밤이 되면 더욱 늘어나죠.

기요노   밖은 아직 대낮이군요. 그나저나 하모니카 요코초 같은 장소는 '쇼와 레트로'라는 복고 감성으로 뭉뚱그려지기 십상이지만「텟창」의 인테리어를 보면 전형적인 '쇼와 레트로'의 따뜻한 감성은 아니에요. 파격적이고 자유분방하면서도 상당히 천박해 보이는 벽면 그림이 가장 먼저 눈에 띄는데…, 도대체 이건 뭔가요!?

구마   그 벽화는 헤타우마 서툴지만(헤타) 묘하게 매력 있는(우마) 그림체 화풍의 작가, 유무라 데루히코[3] 씨가 그린 작품입니다.

기요노   가게 내부의 카운터, 테이블, 의자는… 음, 언뜻 유리 같기도, 얼음 같기도 한 묘한 소재네요. 앉으면 녹아버릴 것 같아요.

구마   2층도 한번 올라가 볼까요?

기요노   좁은 나선형 계단을 올라가니… 우와, 이게 뭐죠? 의자, 벽, 천장에 무언가가 징그러운 혈관처럼 엉클엉클 휘감겨 있어요.

기치조지「텟챵」1층의 모습 (촬영 : Erieta Attali)

구마　그건 제가 직원들과 함께 개발한 '모자모자モジャモジャ'
라는 소재입니다. 실은 버려진 LAN케이블이에요. 예산이
없어서 인테리어 재료도 폐자재를 사용해보기로 했죠.
1층의 카운터, 테이블, 의자에 사용된 '아크릴 당고'는 투명한
플라스틱을 성형할 때 나오는 덩어리입니다.
이것도 보통이라면 버려지는 거예요.

기요노　아무리 그래도 이렇게 섬뜩한 '모자모자'를
클라이언트가 잘도 허락했네요.

구마　하모니카 요코초의 가게에서 노스탤직한 디자인을
한다면 그건 오히려 지는 거라고 생각했어요. 그도 그렇게
애초에 과거에 도취되기 쉬운 요코초라는 분위기 가운데,
푹 빠져버리면 부끄럽다고 느낄 때도 있으니까요. 그렇기
때문에 폐품이 지니는 공격적인 힘을 써보고 싶었어요.
건축에 있어서 폐품이란 잡음인 셈이죠. 저도 평소의 건축에는
이렇게나 거친 잡음을 사용할 용기는 없어요. 그러나 예산이
너무나 없으니, 오히려 뭐든 해도 좋겠다고 배짱을 부려봤죠.

기요노　텟창을 맡게 된 계기는 무엇인가요?

구마　이 이야기에는 클라이언트인 테즈카 이치로手塚一郎 씨를
빼놓을 수 없습니다. 그처럼 재미있는 클라이언트는 좀처럼
만나기 어렵죠. 테즈카 씨를 직접 만나서 이야기 한번
들어보세요.

기치조지「텟창」2층의 모자모자 (촬영 : Erieta Attali)

기요노 그래서 테즈카 씨를 만나 이야기를 나눴습니다.

처음으로 하모니카 요코초에서 음식점 하모니카 키친을 시작한 것은 1998년이었습니다. 저는 VIC video information center라는 비디오 장비를 다루는 회사를 경영하며, 당시 하모니카 요코초에서 판매점을 운영하고 있었죠. 마침 2층이 비어 있던 터라 술집이라도 하나 운영해볼까 하고 친구들과 음식점 비슷하게 시작했는데 생각보다 재미있더군요.

1990년대 말의 하모니카 요코초는 전체적으로 셔터가 내려진 상태였어요. 그래도 그중에서는 지역 야구팀의 학부모 아버지들이 주 2~3회로 자율적으로 운영하는 기치 밮バ—라는 가게도 있었습니다. 쇠퇴했기 때문에 오히려 뭐든 가능하다는 자유로움이 있었죠. 옛 암시장 자리에 아오야마 근처에나 있을 법한 이질적인 가게를 넣는다면 재미있을 거라고 생각했죠.

하모니카 키친은 고마자와의 BOWERY KITCHEN을 디자인한 인테리어 디자이너, 카타미 이치로形見一郎 씨에게 설계를 부탁했습니다. 아내도 저도 BOWERY KITCHEN을 무척 좋아했거든요. 그러다 하모니카 키친을 시작으로, 그곳에서 가게를 하던 찻집이나 생선가게 주인분들이 '나이가 들어서 문을 닫을 건데 여기서 무언가를 하지 않을래?'라며 간간이 제안을 해주더라고요.

야키토리집, 술집, 음식점, 비어홀 등 여섯 개의 가게를 내기로 하고 카타미 씨에게 연달아 인테리어를 부탁했죠.

이후 하모니카 요코초에서 운영하는 가게가 13개에 달했을 때는 약간 정체된 느낌을 받았어요. 본래 체인점과 프랜차이즈에 대한 반발로 시작했지만 어느새 우리들도 거기에 비슷해지고 있지 않느냐고 말이죠. 어느 날 밤, 여기서 친구들과 진탕 술을 마시고 그런 이야기를 했죠.

'왜 꼼 데 가르송은 요코초에 출점하지 않을까? 렘 콜하스나 자하 하디드가 이 가게를 설계해주면 좋을 텐데'라고 말이죠.

그랬더니 같이 술을 마시던 건축 저널리스트 후치가미 마사유키淵上正幸 씨가 '구마 겐고 씨라면 맡아줄지도 몰라'라며 구마 씨에게 말을 건네준 겁니다. 그렇게 서둘러 기획서와 예산안을 구마 씨에게 보냈습니다. 지금도 잊지 못하는 2014년 2월 14일, 발렌타인데이의 밤 10시가 넘는 시각에 하모니카 요코초에 직접 방문한 구마 씨는 현장을 본 후 바로 수락해주었죠. 기록적인 폭설이 내린 날이라 올 리가 없다고 생각했기 때문에 두 배로 놀랐던 걸로 기억합니다.

1947년에 태어난 저는 단카이 세대의 한가운데에 있습니다. 고향은 우쓰노미야로, 우쓰노미야 중심부에서 100년 넘에 이어진 한방약국 테즈카 숫폰手塚スッポン店에서 태어났습니다. 고등학교 시절에는 타테마츠 와헤이立松和平-일본의 소설가와 동급생으로 비교적

모범생이었지만 주변을 둘러싼 환경에 상당한 답답함을 느꼈어요. 지역의 명문 고등학교라 모두가 도쿄대학 진학을 목표로 했지만, 여기서 도망칠 수 있다면 어디든 좋다고 생각한 저는 ICU 국제기독교대학에 진학했죠. 그때부터 주오선의 미타카, 기치조지와의 인연이 시작되었습니다.

도쿄로 도망칠 수는 있었지만 ICU에서도 제가 설 자리는 없었어요. 그도 그럴 게, 수업이 온통 영어로 진행되는 완전 딴판인 세상이었으니까요. 영어로 자유롭게 토론하는 모습은 언뜻 멋져 보이지만, 속내는 놀랄 만큼 지루했죠. 그러한 이유로 영어가 무척 싫어졌습니다.

식당에서는 댄스파티를 위해 남녀가 왈츠를 연습하기도 했는데, 그런 분위기에는 전혀 어울리지 못했죠. 무엇보다 정말로 좋아하는 사람에게는 춤을 권유할 수도 없는 성격이었고요. 저는 전후의 평화헌법 아래에서 철저히 민주주의 교육을 받으며 자라왔습니다. 사람은 누구나 평등하다고 세뇌받았기 때문에 그런 저에게 '레이디 퍼스트'라고 해도 '어째서 여자들은 자기 짐을 본인이 직접 들지 않는 거지?'라며 의문을 갖기도 했죠. 이래저래 문제투성이였습니다.

대학 시절에 교내 유선 텔레비전 그룹을 만들었고 졸업 후에는 그 연장선으로 연극이나 부토舞踏[1]를 촬영하는 일을 시작했어요. 그게 지금 회사의 시작입니다. 아카텐토赤テント[2], 구로텐토黒テント[3], 오오노 카즈오大野一雄[4]의 암흑무도暗黒舞踏[5] 등은 당시만 해도

언더그라운드였지만 지금은 문과성의 아카이브에 보존될 한 무대들을 많이 촬영했어요. 그런 일을 10년 정도 한 후에 기치조지에서 비디오 장비 판매점을 시작했습니다. 1979년이었는데 아마 일본 최초의 비디오숍이 아닐까 싶어요. 그런 이유로 저는 단 한 번도 취직해본 적이 없습니다.

기치조지에서 오랜 시간 장사를 하는 동안 일어난 요코초 열풍의 중심에는 우리 가게가 있다는 건 틀림없는 사실이에요. 비록 약 100여 개의 구획 중에 저희가 차지하는 건 10% 남짓에 불과하지만요. 어째서 인기를 얻었을까 생각해보면 저희가 직접 가게를 운영했기 때문이에요. 그야 당연한 일이라고 생각할 수도 있겠지만 사실은 그렇지 않아요. 기치조지 동쪽 출입구 일대의 토지는 겟소지月窓寺라는 절이 소유하고 있으며 상점가의 가게 주인은 임차인으로서 각자 장사를 시작했죠. 그러다 '도쿄에서 살고 싶은 동네 1위'라는 식으로 떠들썩해지기 시작한 이후로 기치조지에 사람들이 몰려들기 시작했어요.

스페인 철학자인 오르테가가 『대중의 반역』에서 대중을 '타인과 같은 행동을 고통스럽게 여기기는커녕 오히려 쾌감으로 느끼는 사람들'이라고

---

1   1960년대 일본에서 탄생한 실험적 무용 양식.

2   급진적인 정치·예술 극단 〈조쿄게키조状況劇場〉의 별칭.

3   1960년대 후반에 결성된 일본의 실험적인 연극 집단. 〈연극센터68/검은 천막 演劇センター68/黒テン〉에서 유래.

4   일본의 대표적인 암흑무용 暗黒舞踏의 창시자 중 한 명.

5   히지카타 타쓰미土方巽가 주창한 초기 부토로 강렬하고 어두움이 특징.

정의한 것처럼, 대중이 몰려들기 시작하면 그 마을은 끝장입니다. 대중이란 그 마을에 살지 않는 사람들이니까요.

　　실제로 대중이 찾아오면서 기치조지의 상업 방식은 달라졌어요. 가게 주인의 입장에서는 별로 남지도 않는 장사를 묵묵히 해나가는 것보다 재임대를 하는 것이 효율적이라고 생각한 거죠. 장사가 아닌 임대를 통한 수익에 더 큰 매력을 느끼게 된 거예요. 그리고 임대가 목적이라면, 결국 수익이 안정적인 대형 프랜차이즈가 좋고요. 본인이 직접 장사를 하지 않는 상점가는 문제라고 생각합니다.

　　게다가 시장연구가인 미우라 아츠시三浦展 씨에게 인터뷰를 받았을 때 기치조지를 재미없게 만드는 원인으로서 『Hanako』 _{도시 트렌드를 다루는 여성 라이프스타일 잡지}라는 잡지를 꼽았습니다. 그 잡지에 특집으로 소개되면 그 마을은 상당히 위험해집니다. 한 손에는 잡지를 들고 거기에 소개된 가게들을 돌아다니는 건, 결국 마을을 소비하는 행위니까요. 그건 마을에 사는 사람들과는 아무런 관계가 없는 일이잖아요.

　　저는 아틀리에파의 건축이라는 것에도 매력을 느끼지도 못해요. 아틀리에파 사람들은 건축을 예술이나 문화로 이야기하잖아요. 구마 씨에게「텟쟝」을 부탁할 때도 조금은 걱정됐습니다. 무엇보다 상대는 '키가 큰' 도쿄대인 반면 우리는 '키가 작고 뚱뚱한' 장사꾼이니, 둘이 손을 잡는다면 수습할 수 없는 공간론이 될 거라고 생각했습니다.

그러나 폭설이 내렸음에도 약속을 어기지 않고 찾아오는 열정, 아니 괴짜스러움에 마음이 동했습니다.

「가부키자」의 리뉴얼과 「도쿄 중앙우체국」 프로젝트에 참여한 구마 씨는, 암시장의 연장선에 있는 공간에 자리한 야키토리집에서 건축의 등가성을 발견해 주었습니다. 구마 씨에게 재생 자재와 관련된 기업 <나카다이ナカダイ>의 나카다이 스미유키中台澄之 씨를 소개하니 무척 기뻐하며 폐자재를 사용하더군요. 그러한 태도의 유연함은 다른 아틀리에파 건축가들과는 다르다고 생각합니다. 애초에 구마 씨는 사람들에게 미움을 사지 않는 사람이니까요.

구마 씨를 보고 있으면 '이 사람은 건축가라는 직업을 새로 만들려고 하는구나'라는 생각이 듭니다. 결코 하나의 성공에 머무르지 않아요. 요즘에는 젊은 세대 사이에서 창업이 유행하고 있죠. 그런 점에서 전위적이라고 느낄 때도 있습니다. 저도 항상 최전선에 있고 싶기 때문에 그 점에서 동료 의식을 갖기도 하고요. …어라? '공간론'이 아니라 '구마론'이 되고 말았네요.

목조 건축의 가치를 재차 발견하다

기요노   구마 씨와 테즈카 씨는 서로가 '전위적인 괴짜'라는 사실에서 끌린 거군요. 한 가지 덧붙이자면, 사실 테즈카 씨는

본인이 말하는 것처럼 '키가 작고 뚱뚱한 장사꾼'이 아닌
'진지한 청년처럼 보이는 70대'입니다.

구마 제가 덧붙일 이야기는 없지만 도쿄론에 굳이
연결해보자면「텟쨩」을 계기로 도쿄에 대한 목조 건축의
가치를 재발견할 수 있었다고 생각합니다. 하모니카 요코초는
아직까지도 목조 건축의 스케일감, 질감을 고스란히 간직하고
있다는 점이 결정적이니까요.

기요노 하모니카 요코초에만 해당하지 않죠. 일본 각지를
여행하다 보면 아직도 목조로 된 판잣집 형태의 시장이 꽤 많이
남아 있어요. 그런 공간을 발견하면 무심코 홀린 듯이 들어가게
되더라고요. 무엇이 그렇게 매력적인 걸까요?

구마 목조, 그중에서도 낡고 허름한 목조는 일본인에게
'본래의 풍경原風景'이 아닌 '본래의 건축原建築'에 가깝다고
할 수 있습니다. 역사적으로 보면 일본의 도시는 에도 시대
(1603~1868)까지 모두가 목조였어요. 그것도 단면이
10센티미터, 길이는 3.6미터2間 내외 크기의 소경목小徑木이라는
재료를 사용했죠. 이처럼 가늘고 짧은 목재를 어찌저찌
조립해나가면서, 기둥 또한 불규칙하게 배치된 불균형하고
유연하고 느슨한 공간을 만들었습니다. 우리가 목조주택의
기둥에서 흔히 보는 치수가 바로 소경목입니다.

기요노 그렇군요, 그게 소경목이군요. 하지만 2×4 공법이나

프리패브가 널리 보급된 지금은 그 사실조차 모르는 사람들이 늘고 있죠. 물론 저를 포함해서요.

구마   원래 일본의 도시는 돌도, 벽돌도, 콘크리트도 필요 없었습니다. 오로지 소경목으로만 구성했다는 점에서 산림 환경의 보전 시스템과 건축 시스템이 연결되어 있었죠. 소경목은 특별한 산림이 아니어도 쉽게 얻을 수 있기 때문에 자동차나 철도가 등장하기 전부터 산에서 베어낸 나무를 주변 도시에 운반할 수 있었고요. 이렇게 '작은 나무=소경목'을 매개로 산은 일상생활의 연장선이 되었고, 산과 도시가 하나가 되어 지속 가능한 환경 시스템을 구축했던 겁니다. 소경목 문화야말로 일본의 문화이며, 일본은 소경목을 통해 지속 가능한 사회를 만들어 왔다고 볼 수 있죠.

기요노   다만 2016년의 이토이가와 대규모 화재가 우리 기억에 생생히 남아있는 것처럼 거기에는 언제나 화재라는 리스크가 따르죠.

구마   우리가 사랑하는 목조의 유일한 적은 화재입니다. 에도는 수십 년마다 대형 화재를 겪으며 수많은 목조 가옥을 소실했어요. 하지만 그때마다 '작은 나무'의 시스템이 놀라운 속도로 도시를 복구하면서 새로운 생활을 다시 시작할 수 있었습니다. 극단적으로 말하자면 화재야말로 도시의 갱신을 촉진했다고 말할 수 있어요. 에도 시대의 도시는 화재조차 수용하면서 천천히 순환하고 있었던 거죠. 이처럼 도쿄의 원형이 되는 도시는 쉽사리 무너지지 않고 잘 버텨왔습니다.

기요노 하지만 '작은 나무'가 지니는 지속 가능한 시스템은 전후 도시에서 순식간에 자취를 감췄네요. 왜일까요?

구마 관동 대지진과 제2차 세계대전으로 인한 소실이 국민 전체에게 엄청난 트라우마로 남았기 때문입니다. 그때부터 건축 법규를 시작으로, 소방법 등 모든 제도가 도시에서 목조를 배제하는 방향으로 나아갔습니다. 일본건축학회조차 1959년에 '방화 및 풍수해 방지를 위한 목조 금지'라는 믿기 어려운 결의를 채택했죠. 이 결의가 체결되기 바로 직전에 발생한 이세만 태풍이라는 커다란 자연재해로 인해 수많은 목조 주택이 휩쓸리는 등 타이밍 또한 최악이었고요. 커다란 자연재해 앞에서 건축계의 사람들은 '이건 큰일이다', '목조는 안 된다'는 생각으로 일제히 휩쓸린 거죠. 저의 은사인 우치다 요시치카 內田祥哉 선생님은 일본의 건축 공법 연구에 관한 권위자이며 전통적인 목조 공법에도 정통하신 분입니다. 우치다 선생님은 훗날 일본건축학회 회장도 지내셨지만, 90세를 넘긴 지금도 여전히 '그 결의는 일본의 건축에 있어 대단히 유감스러운 일이었다'라고 한탄할 정도죠.

기요노 일본이 오랫동안 간직해온 목조 건축을 부정한 배경에는 '서양을 따라잡고 추월하자'는 의식도 크게 작용한 게 아닐까요?

구마 물론 서양에 대한 콤플렉스도 있죠. 다른 나라, 다른 지역에 대한 콤플렉스로 인해 일본은 얼마나 소중한 것을 잃어버렸는지…. 그것을 알 수 있는 장소가 바로 하모니카 요코초입니다. 「가부키자」가 파리의 「오페라 가르니에」에 못지않게 세계에 자랑할 수 있는 건축임에는 틀림없지만, 그것과는 다른 차원에서 하모니카 요코초의 작은 나무가 이어온 전통은 세계적으로도 찾아보기 어려운 것이죠.

기요노 구체적으로 무엇이죠?

구마 작은 나무의 시스템은 인간의 삶처럼 다양하고 예측하기 어려운 요소들을 포용하기 때문에 콘크리트로는 결코 구현할 수 없는 따뜻하고 쾌적한 공간을 지속적으로 유지하고 있다는 점이요.
전쟁 후 75년 동안 고도성장, 버블 경제, 불경기, 대지진을 거쳤음에도 불구하고 전쟁 직후 암시장 특유의 스케일감이 도쿄라는 대도시 한복판에 남아 있는 것은 기적입니다. 그런 의미에서 하모니카 요코초는 현대의 성지예요. 이곳이 지니는 가치를 골동품이 아닌 일상의 당연한 일부로 도쿄 안에 되살리는 것이 저의 꿈입니다.

기요노 기치조지역 앞이라는 장소에서 하모니카 요코초는 어떻게 살아남을 수 있었을까요? 우선 토지의 소유자가 겟소지였다는 점이 크게 작용한 것 같습니다. 그런 면에서는 특수한 사례라고 할 수 있죠.

구마   전쟁 후에도 여러 차례 재개발 계획이 있었지만 임차인의 권리관계가 너무나 복잡해서 이해관계를 통일시키기 어려웠어요. 그런 불운이 시대를 거치며 행운으로 바뀐 사례죠. 판잣짓의 아케이드는 방재, 방법 측면에서 우려가 있지만 지금은 무사시노시가 24시간 체제의 순찰대를 만들거나 북쪽 출입구 앞 광장에 대형 저수조를 설치하는 등 하모니카 요코초의 존속을 적극적으로 지원하고 있습니다.

피해 지역에 만든 목조 상점가

기요노   구마 씨는 동일본 대지진의 복구 과정에도 하모니카 요코초와 비슷한 접근 방식을 적용했죠?

구마   저는 기회가 될 때마다 콘크리트 건축의 취약성에 대해 언급해 왔습니다. 그러나 동일본 대지진을 겪으면서 콘크리트 건축의 취약성에 대해 다시금 실감했습니다.

기요노   구마 씨는 미야기현의 이시노마키시에는 「기타카미강 운하 교류관 물의 동굴」(1999, 이하 운하 교류관), 도메시에는 「모리 부타이森舞台전통예능전승관」(1996, 이하 모리 부타이)을 설계한 적이 있으니 피해 지역과도 인연이 있겠네요.

구마　동일본 대지진이 일어난 직후, 복구에 참여하고 싶다는 생각과 동시에 퍼포먼스를 위한 건축은 피하고 싶었습니다. 복구를 위한 건축이 건축 잡지에 소개될 필요는 없으니까요. 복구라는 그럴듯한 명분을 내세운 결과물이, 정작 지역 주민들에게는 전혀 반갑지 않은 '아트 건축'이 되는 건 피하고 싶었죠. 제가 이시노마키에 만든 「운하 교류관」은 바다에서 5킬로미터도 떨어지지 않은 운하변에 있습니다. 동일본 대지진으로 주변 지반이 액상화되었지만 이 건물만은 기적적으로 피해를 입지 않았습니다. 이를 제 눈으로 확인한 것은 지진이 발생한 지 3주가 지난 후였죠. 쓰나미로 도시 전체가 완전히 사라진 모습을 보고 나니 '작품'이라는 아트가 남았다고 한들, 건축을 짓는 일은 부질없다는 사실이 점차 강해졌습니다.

기요노　구마 씨는 미야기현 미나미산리쿠초에 상업 시설인 「미나미산리쿠 산산 상점가」[6](이하 산산 상점가)를 설계했죠.

구마　지금의 「산산 상점가」는 2017년 3월에 개장했지만 지진이 발생한 후 한 달 반 뒤인 2011년에 열린 복구를 위한 시장이 그 시작입니다. 2012년 2월에는 프리패브로 지은 임시 상점가로 시작되었죠. 당시에는

---

6 「산산さんさん 상점가」는 '햇볕처럼 환하게 빛나며 웃음과 활력이 넘치는 상점가'라는 콘셉트로, 2017년 3さん월 3さん일에 맞추어 정식 개장하였다.

「미나미산리쿠 산산 상점가」(2017)

건축 자재가 부족한 상황에서 기성품의 프리패브를 바탕으로, 스노코 합판을 천장에 붙이거나 천막을 내거는 등 급조된 판잣집스러운 느낌이 가득했죠. 그런데 오히려 인기를 끌면서 주변 주민과 관광객이 많이 모였습니다.

<u>기요노</u>　그건 구마 씨의 설계였나요?

<u>구마</u>　아니요. 피해의 혼란 속에서 지역 주민들이 저예산으로 지은 임시 상점가였습니다. 이후 고지대에서 본격적인 「산산 상점가」를 짓기로 결정한 후에 저에게 의뢰가 들어온 거죠. 제가 이웃 지역인 도메시에 목조로 지은 저예산의 농能 무대인 「모리 부타이」를 미나미산리쿠의 대표자인 사토 진佐藤仁 4)씨가 기억해주신 덕분이었죠.

<u>기요노</u>　2017년에 본격적으로 개장한 「산산 상점가」는 목조로 구성된 여섯 채의 나가야長屋–길게 늘어선 구조를 가지는 일본의 전통적인 목조 연립주택가 늘어선 배치로, 판잣집 같은 분위기를 띱니다. 그곳에는 해산물 가게, 어묵 가게, 해산물 덮밥 가게, 디저트 가게 등이 들어서 있죠. 마을 대표자에 따르면 개장 첫해에 65만 명, 두 번째 해에는 60만 명의 방문객이 있었다고 합니다. 지진이 발생하기 전인 2010년의 미나미산리쿠초의 관광객 수는 108만 명, 2018년에는 144만 명으로 증가했는데요, 그 중심에 산산 상점가가 있었다는 건 분명한 사실이죠.

건축가의 역량이란
싸구려를 아름답게 만드는 것

구마　「산산 상점가」를 계기로 하나의 건축적 결론을 얻었습니다. 즉 '건축은 하드웨어다'라는 사실을 말이죠.

기요노　지금까지 감각 있는 건축가들은 반대로 '건축은 하드웨어가 아니라 소프트웨어다'라는 말을 많이 해왔는걸요.

구마　토목이 주류인 토건土建 국가 일본에서는 그런 표현이 더 멋져 보이겠지만 미나미산리쿠의 임시 상점가를 본 후 저는 낡고 허름한 하드웨어가 오히려 더 멋지다는 걸 재차 실감했어요. 허름한 하드웨어 덕분에 그 위에 소프트웨어가 자연스럽게 얹힐 수 있고요.

기요노　구마 씨가 말하는 '낡고 허름함'이란 문자 그대로의 허름함이 아닌 와비사비侘び寂び-부족하지만 내면의 깊이가 충만함에도 연결되는 건가요?

구마　맞아요. 그러고 보면 낡고 허름함은 와비사비에 가깝죠. 하지만 과거에도 지금도 와비사비를 전면에 내세우는 건축은 많습니다. 그건 낡고 허름함을 소프트웨어로 취급한 거죠. 저는 낡고 허름함을 하드웨어 그 자체로 바라봤고요. 예를 들어 「산산 상점가」에서 대량으로 사용한 PVC 골판도 싸구려죠. 그렇게 싸구려인 소재를 어떻게 하면 강렬하고 아름다운 하드웨어로 만들 수 있을까. 그것을 해내는 것이 건축가의 역량이라고 생각합니다.

기요노　전통적으로 서로 상반된 의미인 '싸구려'와 '아름다움'을 전복시켜버린다…. 구마 씨가 좋아하는 방식이네요.

구마　그렇다고 제가 건축가로서 자기주장을 안 하는 건 아니에요. 제 나름대로 철저한 계산 끝에 공간을 완성해 나갑니다. 무엇보다 임시 상점가를 고급 건축으로 만들 필요는 전혀 없죠. 애초에 예산이 없는 가운데 고급을 지향한다면 정말로 볼품없어집니다. 그렇기 때문에 오히려 정면돌파를 하기로 마음먹었습니다. 가장 저렴한 소경목과 PVC 골판을 통해 말이죠.

기요노　구마 씨가 좋아하는 재료인 소경목이 등장했네요.

구마　프리패브 구조 위에 임시로 만들면 싸구려의 대명사가 되기 십상이지만, 디자인을 통해 생동감 있는 재미를 이끌어낼 수도 있어요. 그러한 전도된 재미를 만들어낼 수 있다면 상점가로서도 성공할 거라 생각했습니다. 이를 철저히 고민한 끝에 '낡고 허름함'을 끝까지 추구한 거고요. 예를 들어 PVC 골판이 가로로 구성된 부재로부터 몇 센티미터 정도 돌출시켜야 경쾌함이 생길까…. 이러한 것들을 현장에서 실제 치수의 목업을 만들어가며 고민하며 디자인을 결정했죠.

기요노　당초 미나미산리쿠초에서는 쇼핑몰을 도입하는

방안도 검토되었다고 들었습니다만, 피해 지역은 전체적으로 인구 감소가 진행되고 있었고 수익성 또한 전혀 기대할 수 없었죠. 그런 배경에서 구마 씨와의 협업이 시작되었다고 마을 관계자로부터 들었습니다. 처음에는 자원봉사 차원으로 수락하셨다고요?

구마   제가 참여하고 싶었던 이유는 복구의 상징으로서 예술 같은 건축물을 짓는 기존의 방식이 아닌 그 지역에서 지속적으로 이어질 수 있는 즐거운 마을 그 자체의 생생한 '면'을 그리고 싶었기 때문입니다. 기념비적인 건축을 부정하는 건 아니지만 '점'만으로는 미래를 그릴 수 없습니다. 미나미산리쿠초에서는 마을의 대표자나 관계자들은 '바다를 잊지 않겠다'는 기본적인 철학을 가지고 있었으며, 그보다 앞서 생활과 장사에 대한 위기감이 굉장했기 때문에 서로가 소통할 수 있었다고 생각합니다.

코스트 의식이 결여된 건축가는
사회로부터 배제된다

기요노   지진 후의 피해 지역에서는 유례없는 대규모 토목 공사가 진행되었습니다. 해안에 설치된 방조제가 대표적이며 그 과정에서 막대한 양의 콘크리트가 재차 투입되었죠.

구마 씨는 '지진을 통해 콘크리트 건축의 취약성이 드러났다'고 주장했지만 그 부분은 개선되지 않았네요.

구마   오히려 더욱 강화되었죠.

기요노   토목 분야의 교수님들과 함께 동일본 대지진의 피해지를 돌면서 구마 씨나 반 시게루 씨 등 유명 건축가들의 건축물을 여기저기 둘러보았습니다. 모두가 지역에 희망을 주는 건축이었지만, 그럼에도 불구하고 도시의 복구나 지역 재생에 대한 발언권은 여전히 토목 관계자가 가지고 있었습니다. 동행한 토목 교수님께 '어째서 재해 복구에서 건축가는 전면에 나서지 못하나요?'라고 물어보니 '그야 건축가는 예산을 따오지 못하잖아'라며 다소 냉소적인 어투로 말하더군요. 정말인가요?

구마   예산을 따오지 못하는 점은 물론, 건축가가 참여하면 디자인을 핑계로 성가신 이야기를 하기 때문에 더욱 많은 예산이 들어갑니다. 건축가란 국가의 토목 예산을 따오지 못할 뿐만 아니라 예산을 쓸데없이 낭비하는, 경제 감각이 부족한 존재라고 건설업계에서 여겨지고 있으니까요.

기요노   '디자인의 완성도가 마을 만들기의 중요한 요소가 되며 건축가의 존재가 그 부분에 기여한다'는 인식은 상업 시설을 중심으로 일본 각지에 많이 퍼졌다고 생각합니다만….

구마   그런데 말이죠, 제가 몸담고 있는 건축가 업계에 대해 반성을 더하자면, 결국 우리 건축가들은 '섣불리 말을 걸면 필요 이상의 예산이 든다'고 여겨지고 있어요. 설계 및 시공을 일괄 방식으로 수주하려는 종합건설사나 대형 설계사무소 중에는 '건축가는 비싸다'라는 캠페인을 벌이는 곳도 있고요.

기요노   건축가에게는 코스트 의식이 없나요?

구마   일반적으로는 없어요(웃음).

기요노   하지만 저는 예전부터 코스트 의식이 강한 구마 씨를 목격해 왔습니다. 「롯폰기 힐즈」가 완성되어 비평을 위해 견학 갔을 때 '그렇구나, 초고층 빌딩은 알루미늄 대신 프리캐스크 콘크리트를 쓰면 공사비를 상당히 줄일 수 있구나' 같은 말을 해서, '응? 도대체 무엇을 신경 쓰는 거지?'라고 느꼈던 기억이 납니다.

구마   현실에서 건축가들은 다들 예산 문제로 고생하고 있죠. 하지만 그걸 말하지 않고 아티스트인 척하는 게 업계의 관례입니다. 도시 전체 손익에 대해 이해관계나 비즈니스 파트너의 시점에서 조망하고 최적의 해답을 도출하려는 자세가 부족하죠. 기본적으로 예산보다 디자인이 중요하다는 이데올로기에 물들은 결과, 사회로부터 배제된 것입니다.

기요노   그렇게까지 말하다니….

구마   예를 들어 2012년 런던 올림픽 때는 올림픽과 관련된 건물들을 주거 환경으로 문제가 되던 도시 동부 지역에 집중시키면서 주변 재개발과 지역 활성화를 도모했죠.

기요노   런던 이후의 올림픽 건축에서는 '역사적 문화', '계승'이라는 슬로건이 유행하기 시작했죠.

구마   런던에서는 계획 단계부터 올림픽이 끝난 후의 재사용 방안을 그렸어요. 메인 스타디움인「런던 스타디움」은 그 이후 프리미어리그 축구팀의 홈구장이 되었고 그 외에도 럭비, 야구, 육상 국제경기장으로 활용되고 있죠. 그게 가능했던 가장 큰 이유는 런던 시장의 건축 어드바이저로서 LSE런던 정치경제대학교의 교수인 리키 버뎃이 계획 수립에 참여했기 때문입니다.

기요노   경제학자가 건축 어드바이저를 맡았다는 건가요?

구마   그렇습니다. 어반 디자인이란 리키 같은 디자인과 경제 양측 모두를 이해하는 학자가 참여함으로써 사회 속에서 실제로 기능하는 겁니다. 해외의 도시계획이나 건축 프로젝트에서는 건축, 도시계획, 경제가 자연스럽게 연동되어 있지만 일본에서는 여전히 세 분야가 '세로로 줄 서있는 상태'입니다. 건축가는 이러한 세로 구조 속에서도 코스트에 대한 의식 없이 건축만을 생각하기 때문에 재해 복구나 도시 재생에서 배제되는 건 어찌 보면 당연한 결과죠.

기요노   구마 씨는 '낡고 허름함', '목재', '요코초' 같은 키워드로 그 틀을 돌파하려는 것 같은데 그건 단순히 소재에 대한 집착이 아닌 코스트 의식과도 일체화된 결과인가요?

구마   제 안에서는 코스트 퍼포먼스에 대한 실험이 계속되고 있어요. 사실 버블의 상징으로서 혹평받는 「M2」도 그 시대의 '낡고 허름함'을 제 나름대로 추구한 결과였습니다. 하지만 그땐 클라이언트에게도, 세상에도 설명할 수 없었죠. 저로서는 굉장히 긍정적인 측면의 코스트 퍼포먼스를 추구했지만 '낡고 허름함'이라는 표현을 쓰면 부정적으로 들릴 테니까요. 결국 버블 시대부터 30년을 거쳐 「텟창」과 「산산 상점가」에 이르러 제대로 표현할 수 있게 되었습니다. 경제에 이어지는 '낡고 허름함'에 대한 가능성을 실감했죠.

기요노   21세기에 주류가 된 리노베이션 건축에는 일본뿐 아니라 세계적으로도 낡고 허름해도 친근함을 모티프로 삼는 사례가 늘고 있어요. 그러한 유행 이후로는 너무 멋을 부리면 오히려 구식에, 촌스럽고, 개념이 부족한 건축으로 보이게 되었죠.

구마   맞아요. 미국에서 시작된 「에이스 호텔」의 디자인이 대표적입니다. 요즘에는 고급 호텔에서도 로비를 코워킹 스페이스로 만들어, 거리의 일부처럼 의도적으로 조잡하고 너저분하게 만들고 있죠.

기요노   언젠가는 와비사비에 이어서 '낡고 허름함'이 새로운 미의식으로 자리 잡을 날이 올지도 모르겠네요.

구마 개인적으로 '낡고 허름한 감각이 최전선에 있는 가장 흥미로운 시대'가 도래했다는 확신이 있습니다.

기요노 그렇지만 구마 씨에게 건축을 의뢰하려면 역시나 엄청난 예산이 필요하겠는걸요?

구마 예산은 문제가 되지 않아요. 지금은 SNS 덕분에 세계 어디서든 정보가 퍼지고 있어서 예상치 못한 곳에서 의뢰가 오기도 해요. 얼마 전에는 짐바브웨에서 '프리패브로 초등학교 건물을 짓고 싶다'는 의뢰를 받고 가슴이 뭉클해졌습니다.

기요노 수락하는 기준은 무엇인가요?

구마 마음입니다.

기요노 네…?

구마 마음이요. 이메일 문장이나 접근 방식에서 알 수 있어요. 스스로가 당사자가 되어 이 문제를 어떻게든 해결하겠다는 동기를 가지고 있으며 자기뿐만 아니라 타인, 사회 전체를 위한 무언가를 하려는 사람…. 그런 생각을 가진 사람은 마음이 담긴 문장으로 직접 저에게 다가옵니다. 「텟챵」은 무엇보다 그런 프로젝트였고요.

1) 하모니카 요코초
   ハモニカ横丁
평론가 가메이 가쓰이치로亀井勝一郎가 지은 이름으로 알려져 있다. 클라이언트인 테즈카 이치로는 하모니카 요코초에서 전개되는 점포 디자인에 인테리어 디자이너 카타미 이치로形見一郎, 건축가 츠카모토 요시하루塚本由晴와 구마 겐고에게 의뢰했다. 암시장에서 유래된 공간에 세련된 디자인을 도입함으로써 요코초의 혼돈은 더욱 짙어졌다.

2) hym(하모니카 요코초 미타카)
JR 미타카역 앞의 옛 파칭코 가게를 개조한 공간. 하모니카 요코초를 미타카에도 출현시킨다는 콘셉트로, 야키토리집, 초밥집, 스탠드 바, 일본술 전용바 등 다양한 가게들이 포장마차처럼 늘어서 있다. 2013년, 구마 겐고 건축도시설계사무소 소속의 건축가인 하라다 마사히로原田真宏가 인테리어 디자인을 맡았으며, 2017년에는 구마 겐고가 외관과 가구의 리노베이션을 담당했다.

3) 유무라 데루히코
   湯村輝彦
1942년생으로 타마미술대학을 졸업했다. 헤타우마의 일러스트레이터로 유명하다. 특히 1970~80년대에 이토이 시게사토糸井重里 등과 함께 출판계, 광고계에서 눈부신 활약을 펼쳤다.

4) 사토 진
   佐藤仁
1951년생으로 미야기현 미나미산리쿠초의 대표를 맡고 있다. 2005년 미나미산리쿠초 대표에 취임했으며, 동일본 대지진을 겪고 2020년 현재, 4선째를 맡고 있다.

제5장

이케부쿠로
— 약간의 촌스러움이 최첨단

세계 표준을 훨씬 뛰어넘는
시부야의 수직 도시화

기요노　　도쿄 올림픽 개최가 결정된 후에 시부야, 신주쿠, 이케부쿠로 세 곳의 대형 터미널 지역에서도 도시 재개발이 촉진되었습니다. 그중에서도 초고층 타워가 숲처럼 들어선 시부야는 유독 화려하고 눈에 띄는군요.
도쿄 사람들은 자신이 거주하는 노선에 따라 시부야, 신주쿠, 이케부쿠로 등의 마치 섬과 같은 생활 구역이 정해지죠. 저도 구마 씨와 마찬가지로 도큐선에서 자랐기 때문에 시부야가 '홈 터미널'입니다. 어릴 적에는 이노카시라선 고가 아래에서 샀던 허쉬 초콜릿의 맛에 머리가 띵했던 기억, 그 어둑한 고가 밑에서 서성거리던 상이군인의 모습에 마음 아팠던 기억이 지금도 선명합니다. 쇼와 시대(1926~1989)의 고도경제성장기 속에서도 시부야에는 전후의 냄새가 짙게 남아 있었죠. 그렇게 어둡고 빛바랜 듯한 시부야는 헤이세이 시대(1989~2019)부터 레이와 시대(2019~)의 저성장시대 속에서 철과 유리로 반짝이는 수직 도시로 재변신했습니다.

구마　　시부야는 2013년에 후쿠토신선과 도요코선이 시부야역에서 상호직결 운행을 시작하게 되면서 종착역에서 환승역으로 바뀌었죠. 그렇기 때문에 엄밀히 말하면 더는 터미널 역이 아니네요. 도요코선 종착역에서 보이던 그 풍경─ 사카쿠라 준조[1]가 설계한 멋진 디테일의 반원통형 모양 지붕 아래에 나란히 놓인 선로의 모습은 제게 아주 중요합니다.

기요노 그런 구마 씨는 2019년 11월에 완공된 초고층 빌딩 「시부야 스크램블 스퀘어」 설계에 디자인 아키텍트로 참여했죠. 지상 47층, 지하 7층으로 구성된 시부야에서 가장 높은 건물입니다.

바로 맞은편 「시부야 히카리에」 8층에 위치한 식당의 벽면은 커다란 픽처 윈도우로 되어 있어 시부야의 변모가 손에 잡힐 듯이, 아니 액자에 담긴 듯이 보입니다. 도요코선 터미널, 도큐백화점 도요코점 건물에 빨려 들어가는 듯한 지하철 긴자선 등 익숙했던 풍경이 점차 사라져가는 모습을, 저는 아쉬움을 느끼며 계속해서 관찰해 왔습니다.

지금 제 눈앞에는 구마 씨가 설계한 「시부야 스크램블 스퀘어」의 미래적인 풍경이 펼쳐져 있습니다. 외벽이 부드럽게 휘어진 유리 빌딩이 변모하는 과정은 마치 마법과도 같지만, 이제는 시간의 흐름도 모호해져서 내가 어디에 있는지 혼란스러울 지경이에요.

구마 저도 중국, 동남아시아, 남미를 이리저리 날아다니다 보니 기억들이 뒤섞여서 가끔은 내가 어디에 있는지 헷갈릴 때가 있어요. 그중에서도 시부야의 실험성은 단연

독보적이네요.

기요노   시부야의 '수직 도시화'는 이 도시의 무국적화인 동시에 글로벌리즘이 극단에 이른 풍경이라고 생각합니다.

구마   극단에 이르렀다기보다 하나의 건물이라는 틀을 벗어나지 못하는 글로벌리즘의 지루함을 초월했다고 표현하는 게 좋겠네요. 복잡한 철도와 도로 인프라의 해법을 모색하는 과정에서 시부야는 아시아나 중동처럼 '내 건물만 돋보이면 된다'는 낡아빠진 글로벌리즘을 뛰어넘었죠. 그런 점에서 시부야의 재개발은 세계 표준을 훨씬 넘어섰다고 할 수 있어요.

기요노   '그게 정말 대단한 일인가?'라는 의문이 들지만 복잡한 인프라 구조를 풀어낸다는 커다란 도전임에는 분명하죠. 시부야역은 그릇 형태 지형의 가장 낮은 곳에 위치해 있습니다. 그래서 JR선, 도요코선, 지하철의 개찰구가 지하 3층부터 지상 3층까지 들쑥날쑥하게 배치되어 있으며 접근 동선은 미로처럼 얽혀 마궁魔宮으로 불리기도 했죠. 재개발에서는 그 마궁에 회유성을 부여하기 위해 랜드마크가 되는 빌딩들을 지하에서 지상 저층부에 걸쳐 어반 코어라는 수직 이동 동선을 도입했습니다. 이는 엘리베이터와 에스컬레이터를 활용하면서 신호 대기나 우회 없이 목적지에 바로 도달할 수 있는 획기적인 구조입니다.

그런데 말이죠, 이러한 랜드마크 건물들의 이름이

「시부야 히카리에」,「시부야 캐스트」,「시부야 스트림」,
「시부야 브릿지」,「시부야 스크램블 스퀘어」,「시부야 후쿠라스」,
「시부야 마크시티」인 상황에 이르면, 내가 지금 어디에 있는지
도무지 알 수 없어요.

구마　연속된 재개발을 주도하는 건 도큐전철인데요, 그렇게나 복잡한 인프라 구조를 앞에 두고 굳이 재개발이라는 도전에 나섰습니다. 그 결과, 아무도 본 적 없는 연쇄 반응을 단숨에 이루어낸 도큐를 보면, 정말이지 대단하다고 감탄하게 됩니다.

기요노　'홈 터미널'에 대한 애정을 가지는 도큐는 철도 계열의 기업체로서는 이례적인 구상력을 지닙니다. 창업자인 고토 게이타는 세이부 철도의 창업자인 쓰쓰미 야스지로와 종종 비교되곤 하는데, 비전의 강도만을 말하자면 도큐 쪽이 압도적으로 높죠.

구마　비전이란 위기를 감지하는 민감함에도 연결되어 있으며 도큐는 각각의 시대 환경 속에서 '철도 사업만으로는 미래가 없다'는 위기감을 꾸준히 유지해왔습니다. 그러한 감각이 없었다면 철도 회사가 시부야의 초고층 도시화라는 리스크가 높은 투자를 감행하진 않았겠죠. 일반적으로 디벨로퍼는 개발 부지, 개별 건물에서 이익을 내는 것밖에 생각하지 못하지만, 철도 회사는 노선 전체라는 커다란 틀에서 사고할 수 있기 때문에 진정한 의미의 도시 만들기가

가능해지는 겁니다.

기요노   관서 지역을 예로 들자면, 고바야시 이치조가 이끈 한큐전철의 연선 개발이 그렇죠. 한큐는 다카라즈카 가극단 宝塚歌劇2)이라는 세계적으로도 드문 강력한 콘텐츠까지 만들어냈죠.

구마   일본인들은 실감하지 못하지만 철도 회사가 도시 개발의 주체가 된다는 건 세계적으로도 유례없는 놀라운 일입니다.

기요노   도큐전철의 어느 직원이 집필한 『사철 3.0』[1]은 도큐의 연선 개발의 비전을 쉽게 이해할 수 있는 흥미로운 책입니다. 덴엔초후에서 시작하여 쇼와 시대의 덴엔토시선 개발을 거쳐 현재에 이르기까지, 도큐전철에는 일관된 철학은 물론, 유행과 함께 문화를 만들어내는 힘이 있습니다. 도요코선의 주요역 중 하나인 무사시코스기에서 타워맨션의 건설 붐이 일었을 때도 '과연 도시에 진정으로 좋은 일인가'를 되물으며 일부러 거리를 두었죠. 눈앞의 이익에 덥석 뛰어들지 않는 어른스러운 판단력을 지닌 기업이 리스크를 감수하고 도전했을 때 도시는 어디까지 변화할 수 있는가…. 시부야는 그러한 모습을 보여주는 무대라고 할 수 있겠네요.

---

1   『私鉄3.0』, 東浦亮典, ワニブックスPLUS新書, 2018

제5장

다카라즈카가 이케부쿠로에 왔다!

구마 이렇게 운을 띄워놓고 말하긴 그렇지만, 지금부터 이케부쿠로의 대단함에 대해 이야기하고 싶습니다.

기요노 오호, 여기서 변화구가 들어오네요. 이케부쿠로역은 하루 승하차 인원이 268만 명입니다. JR선의 이용객만을 놓고 보자면 신주쿠에 이어 전국 2위, 사철과 지하철을 모두 포함하면 전국 1위의 초대형 터미널입니다. 하지만 이케부쿠로에는 시부야처럼 화려하거나 도회적인 느낌이 부족하고, 신주쿠처럼 모든 것을 삼켜버릴 법한 '넘치는 식욕' 또한 부족하죠. 이케부쿠로에 관심이 있나요?

구마 지금 살고 있는 가구라자카는 이케부쿠로와 가깝습니다. 가구라자카에서 이케부쿠로 근처로 놀러 가는 일도 많고요.

기요노 니시아자부가 아니군요.

구마 이케부쿠로 근처에는 좋아하는 술집과 레스토랑이 몇 군데 있는데, 조시가야 쪽에서 수도고속도로 고가 아래로 이어지는 거리 풍경, 그 혼잡한 느낌이 좋다고 줄곧 생각했어요. 예전에 제 아들이 이케부쿠로에서 불량배로부터 돈을 빼앗기고 울면서 돌아온 일이 있었지만(웃음).

기요노 어디서요? 고가 아래에서요?

구마　　수도고속도로 밑의 어두운 곳에서요. 아들이 고등학생이었던 때니, 벌써 20년 전이네요.

기요노　　이케부쿠로라면 전혀 이상하지 않죠. 무엇보다 어두운 분위기의 남녀 주인공들이 활약하는 「이케부쿠로 웨스트게이트 파크池袋ウエストゲートパーク」[3)]의 무대니까요.

구마　　행정적으로는 바람직하지 않을 수도 있지만, 도시의 매력이라는 건 그런 어두운 분위기와는 반대되는 부분도 있는 법이죠. 예를 들어「선샤인 시티」도 원래는 스가모 형무소[4)] 가 있었던 곳이잖아요. 서쪽 출구에는 전쟁 후의 암시장이, 북쪽 출구에는 차이나타운 건물들이 형성되어 있었던 것처럼요. 어쨌든 저는 이케부쿠로의 이러한 점이 흥미롭다고 느꼈습니다.

기요노　　마이너하진 않지만 그렇다고 메이저라고 단정할 수 없는 지역이죠. 이케부쿠로는 1980년대에 쓰쓰미 세이지가 이끄는 세존그룹이 발신하는 문화의 거점이기도 했지만 뿌리내리기 전에 버블의 붕괴와 함께 세존그룹 자체도 몰락하고 말죠. 더욱이 1980년대에 도회적이고 세련된 음악을 이야기하던 유명의 음악적 세계관과도 무관한 도시였고요. 그럼에도 구마 씨는 그런 도시가 훨씬 좋다니….

구마　　요즘 들어 미래를 향한 커다란 가능성이 세련된 도시보다 세련되지 않은 도시에 있다고 생각하게 됐습니다.

마침 이케부쿠로의 동쪽 지역으로 이전 및 신축되는 「도시마 에코뮤제 타운」(2015, 이하 에코뮤제 타운)의 설계 감독을 제안받았고요. 2010년 무렵이었던 걸로 기억해요. 이케부쿠로가 반드시 큰 변화를 이뤄낼 거라는 가능성을 느껴 기꺼이 수락했죠. 그러자 예상치 못한 일들이 연이어 벌어진 겁니다.

기요노 구마 씨가 예상한 대로 시부야가 화려한 재개발을 계속하는 가운데, 근래 들어 이케부쿠로의 공격적인 행보가 돋보이기 시작합니다. 그것도 자금력을 가지는 민간 기업이 아닌 도시마구라는 하나의 특별구가 이끄는 형태로 말이죠. 구청사의 이전 및 신축을 기점으로 도시마구는 2010년대부터 이케부쿠로의 역세권에서 「하레자 이케부쿠로」의 건설과 「선샤인 시티」에 인접한 조폐국 부지에 광대한 방재공원의 조성, 전기버스 이케버스IKEBUS[5]의 운행, 그리고 「토키와장」[2] 의 복원 프로젝트인 「토키와장 만화 박물관」 등 20개가 넘는 도시 개발 프로젝트를 동시에 진행했습니다.

구마 도쿄 올림픽이 하나의 분기점이긴 했지만 행정이 이렇게나 많은 프로젝트를 하드웨어와 소프트웨어 양측에서 동시에 주도하며, 게다가 비전 자체가 시대를 앞서 가는 사례는 지금까지 본 적이

---

[2] 1950~60년대에 만화가 데즈카 오사무, 후지코 후지오, 아카츠카 후지오 등 당대 젊은 만화가들이 함께 거주하며 교류했던 곳으로, 일본 만화사에서 전설적인 거점으로 알려져 있다.

「도시마 에코뮤제 타운」(2015)

없습니다.

기요노 2019년도 마을 만들기의 총사업비는 460억 엔으로, 특별구 예산 편성으로서는 이례적인 일입니다. 그중에서 핵심이 되는 프로젝트는 바로 동쪽 출구의 「하레자 이케부쿠로」입니다. 도시마구의 옛 청사가 있던 부지의 재개발로서 지상 33층, 지하 2층의 초고층 빌딩 「하레자 타워」, 그리고 공연장이 들어선 「도쿄 타테모노 Brillia HALL」, 「도시마 구민센터」라는 중층 규모의 두 건물을 합친 총 세 건물을 새로 지었습니다. 인접한 「나카이케부쿠로 공원」과 도로까지 정비한 이 프로젝트는 도시마구의 일생일대의 승부수라고 불릴 정도죠.

「하레자 이케부쿠로」에는 총 여덟 개의 크고 작은 홀이 있습니다. 특히 2019년 12월에 오픈한 「도쿄 타테모노 Brillia HALL」의 개관 축하 공연 중 하나인 다카라즈카 가극이 있습니다. '공략하기 어려운 다카라즈카를 잘도 데려오다니, 그것도 이케부쿠로에!'라는 소식은 팬들 사이에서도 화제를 일으켰죠.

구마 다카라즈카 가극이 공연하려면 상당히 높은 기준을 충족해야 할 것 같은데요.

기요노 무엇보다 출연자 수가 많고 의상과 무대장치가 화려해요. 일반 극장이라면 4톤 트럭을 주차할 수 있으면 충분하지만, 다카라즈카를 공연하기 위해서는 11톤 트럭 두 대가 필요합니다. 이를 위한 적재 입구를 포함하여 넓은 대기실과 복도 등이 필수 조건이라 여러 차례 설계를 수정했다고 해요. 인상적인 점은 홀 건물과 인접한 도시마구민센터의 2, 3층에만 여성 화장실을 무려 77칸이나 마련했다는 겁니다. 공연 중간마다 여성 화장실 앞에서 보이는 긴 행렬은 다카라즈카 공연의 상징적인 풍경입니다. 팬들은 극장 화장실에 대해 민감하거든요.

구마　　공공시설임을 감안하더라도 역 앞의 명당자리에 수익성이 제로인 화장실을 넣겠다는 발상 자체가 놀랍네요.

기요노　　이케부쿠로는 코스프레 분장을 한 사람들이 모이는 거리이기도 해서 화장실에는 남녀 탈의실과 메이크업 공간이 마련되어 있어요. 메인 홀에는 도쿄타테모노東京建物-일본의 대표적 종합 부동산 회사의 이름이 걸려있고 화장실은 카오Kao-일본의 생활용품 대기업의 협찬을 확실히 받아내는 등 도시마구는 장사에도 능숙합니다.

「하레자 이케부쿠로」가 있는 이케부쿠로역 동쪽 출구의 경우, 역 앞의 메이지도리라는 도로는 JR 이케부쿠로역과 거리를 단절시키며 이케부쿠로의 활성화를 저하시키는 요인이 되고 있습니다. 앞으로는 자동차 동선을 이케부쿠로 동쪽으로 옮기고 현재의 메이지도리를 완전한 보행자 공간으로

전환하여「GREEN BLVD.グリーン大通り」에서「하레자 이케부쿠로」,
「선샤인 시티」방면으로 이어지는 '면' 중심의 거리를 확장하는
계획을 하고 있습니다.

타워형(수직)의 시부야, 스퀘어형(수평)의 이케부쿠로

<u>구마</u>　지금 세계 도시 재생의 키워드는 워커블Walkable,
즉 걸을 수 있는 도시입니다. 그 상징적 성공 사례로는
뉴욕의 브로드웨이가 있죠. 2009년에 시의 교통국이
보행자 전용 거리로 탈바꿈한 결과, 구역 내의 교통사고가
대폭으로 감소하였고 타임스퀘어는 국제적 광장으로
기능하게 되었습니다. 효과가 상당했기 때문에 브로드웨이의
보행자 전용 거리는 지금도 지속되고 있어요. 마찬가지로
뉴욕의「하이라인」[6]재개발도 보행자를 주인공으로 내세워
대성공했습니다. 20세기의 도시는 자동차가 중심이었지만,
21세기 들어 그 발상은 시대에 뒤떨어졌다는 것이 전 세계의
공통적인 인식입니다. 이케부쿠로가 그러한 흐름을 잘
포착했다는 게 기쁘네요.

<u>기요노</u>　지역 행정이 역 앞 활성화를 추진할 경우에는 초고층
빌딩을 짓고 도로를 넓히는 방식을 주로 사용합니다. 그러나

여기에는 도심 공동화라는 악순환에 빠지는 토목/건축 중심의 개발 방식이라는 단점이 있죠. 반면 이케부쿠로는 이러한 유혹을 뿌리치고 '문화'를 방향으로 과감하게 노선을 바꾸었습니다. 이케부쿠로역 서쪽 출구에서는 앞서 언급한 「이케부쿠로 미나미구치 공원」이 원형 야외 음악당으로 리뉴얼되면서 무료로 야외 클래식 공연이 열리는 장소가 되었고요.

구마   그것도 정말 대단한 변화네요. 서쪽 출구에는 도쿄도가 설립하고 운영하는 「도쿄예술극장」이 있습니다만, 실은 제 은사 중 한 분인 아시하라 요시노부 선생님이 설계한 건물입니다. 도시에서 소외된 모습에 '선생님이 참 안쓰럽구나'라며 동정할 때도 있었지만 앞으로는 회유성이 생기겠네요.

흥미로운 점은 이케부쿠로와 시부야 모두 '미드타운'과 '힐즈' 라는 브랜드로 대표되는, 도시 안에 고립된 '섬'을 만드는 개발 방식을 초월했다는 사실입니다. 디벨로퍼는 여러 부지를 묶은 후에 '섬'을 만들 수는 있어도 그것을 '도시'로 확대할 수는 없거든요. 그게 바로 1990년대 이후 글로벌리즘의 한계였지만 이제는 시부야와 이케부쿠로가 그 한계를 가볍게 넘어섰죠. 철도회사와 도쿄 특별구의 구청장이라는, 세계적으로도 드문 포지션과 시스템이 이를 가능케 했다고도 볼 수 있습니다.

기요노   시부야가 도큐전철에 의한 상업적 수직 개발 모델이라면, 이케부쿠로는 공공적 요소를 전면에 내세운 수평적 모델입니다. 스탠퍼드 대학의 석학인 니얼 퍼거슨이 저술한 『광장과 타워』에서는 인간의 의사결정에 대해 문명사를 더듬으며, 인터넷적 분산 네트워크를 상징하는 '광장스퀘어=수평'과 권력의 위계를 상징하는 '타워탑=수직'로 표현하고 있습니다. 이러한 상징화는 도시 형태 그 자체이며 이케부쿠로는 '광장형', 시부야는 '타워형'으로 비유할 수 있습니다.

구마   광장형을 흔히 IT 혁명 이후에 갖추어진 형태로 알고 있지만 유럽의 도시는 중세 이후부터 '광장'과 '타워'라는 두 가지를 주축으로 발전해 왔어요. 그렇기 때문에 수평적 네트워크는 지금 시대에 한정된 것은 아닐뿐더러, 도시에는 모든 요소가 필요합니다.

시부야는 타워형이지만 각 타워가 부드럽고 유동적으로 연결되어 있으며, 제가 디자인을 제안한 스크램블 스퀘어에서는 구불구불한 곡선의 외벽이 감춰진 수평성을 상징한다고 볼 수 있습니다. 이케부쿠로는 광장형이지만 도시마구청사의 상층부처럼 타워형 분양 맨션을 비즈니스 엔진으로 잘 활용하고 있기 때문에, 기존의 타워와 스퀘어라는 대립을 넘어서 양측이 상호보완하고 있다고 할 수 있네요.

기요노   자본주의가 급속히 발전하던 20세기에 르코르뷔지에는 타워형 모델을 극단적으로 발전시킨 초고층 빌딩의 '빛나는 도시'를 주장했죠.

구마   그의 논리는 '도시에 녹지를 확보하기 위해' 초고층을 지어야 한다는 것이었지만, 본심은 20세기에는 타워를 짓는 게 돈이 됐기 때문이죠. 그러나 21세기에 들어서 타워를 통한 수익만으로는 역시 행복해질 수 없다는 사실을 모두가 깨닫게 되었고, 그렇게 다시 광장으로 트렌드가 기울게 되었죠.

기요노   중국, 동남아시아, 중동은 타워형 도시 개발이 주류지만 북유럽이나 네덜란드처럼 도시 만들기 선진국의 도시 계획은 광장형이죠.

구마   아무튼 타워형이 가진 '위에서 내려다보는 시선'에 대해 모두가 의문을 갖기 시작한 것은 분명합니다.

저렴한 목조 아파트와 고급 맨션의 조화

기요노   이케부쿠로에서 수평적 도시 만들기 프로젝트를 시작하게 된 계기는 2015년에 지하철 히가시이케부쿠로역과 직결된 입지에 탄생한 하나의 타워입니다. 바로 새로운 도시마구청사인「에코뮤제 타운」으로 구마 씨가 디자인 감수를 맡은 건물이죠. 철과 유리, 콘크리트로 구성된 지상 49층, 지하 3층 규모의 초고층 빌딩이지만, 녹음이 어우러진 기하학적 패턴의 패널로 구성된 외벽은 거리 전체에 묘한 따뜻함을 더하고 있습니다.

구마   외벽 패널은 '에코베일Eco-veil'로 불리는 환경 조절 패널로, 조경 디자이너인 히라가 타츠야平賀達也 씨와 도시마구청을 위해 개발한 것입니다. 도시마구청사의 이전 및 신축 프로젝트는 구청과 타워형 맨션을 결합시키는 전례 없는 계획이었습니다. 즉 도시마구가 지주들의 권리 등을 정리한 부지에 민간이 분양형 타워맨션을 짓고 그 수익을 통해 초고층 빌딩의 건설 자금을 충당하며, 1층에서 10층까지는 권리 면적을 보유한 도시마구가 입주한다는 전제를 바탕으로 시작한 거죠. 히가시이케부쿠로는 이케부쿠로역에서 도보로 7~8분 정도 거리지만 원래는 상점도 거의 없는 휑한 지역입니다. 이곳에서 구청사와 타워맨션이라는 퍼블릭과 프라이빗의 공간을 어떻게 융합할 것인가. 토지 소유자, 도시마구, 구민 등 다양한 이해관계자가 얽힌 계획을 건축적으로 어떻게 성립시킬 것인가. 모두 디자인 감수자인 저의 책임이었습니다.

기요노   지금까지의 대화에서도 여러 차례 등장했지만 맨션이란 도시, 특히 도쿄를 망가뜨린 주범이라고 구마 씨 본인께서 일관되게 주장한 내용이기도 했죠.

구마 정확히 말하자면 공동주택이 나쁜 건 아닙니다. 그저 공동주택을 짓는 일본의 방식과 도시를 향한 폐쇄된 방식이 문제라고 계속 주장해 온 거죠. 그래서 저는 맨션을 전면으로 부정하는 게 아니며 그 모순을 회피할 생각도 전혀 없습니다. 그러나 저희보다 위 세대 건축가들은 자기들의 아이덴티티를 '반反 기성사회'에 두고 있었기 때문에 처음부터 '디벨로퍼는 악이다', '맨션은 나쁘다'라는 식으로 접근했죠.

기요노 '반反 디벨로퍼주의'라는 이야기군요.

구마 여기서 '오직 나만이 정의의 편이야'라는 얼굴을 하며 사회를 위에서 내려다보는 시선으로 건축을 다루는 것은 굉장히 위험합니다. '나만이 정의다'라는 믿음에서 출발하는 사람이 가장 수상한 법이죠. 정의를 출발점으로 삼는다면 도시 개발의 모든 것을 부정적으로 이야기할 테니 전혀 생산적이지도 않고 논의도 불가능하니까요.

기요노 구마 씨는 '앞선 세대와는 다른 방식으로 한다'는 생각을 지닌 '비非/반反 디벨로퍼주의'일까요?

구마 저는 디벨로퍼도 도시의 중요한 플레이어 중 하나라고 생각합니다. 다양한 플레이어를 끌어들이지 않으면 도시라는 커다란 문제를 해결할 수 없으니까요. 예를 들어 국립경기장 프로젝트에서는 다이세이켄세츠, 아즈사셋케이와 함께 팀을 이루었는데요, 이처럼 실력이 출중한 플레이어와 함께 손발을 맞춰가는 일은 세계가 고도로 시스템화된 21세기스러운 방식입니다. 도시에는 다양한 플레이어가 모여 있고 각자의 장점과 약점이 있으니까요. 그것들을 조율하면서 크리에이티브한 활동을 연결해 가는 것 또한 건축가의 역할이라고 생각해요. 도시마구청 프로젝트에서는 맨션의 어떤 점이 도시를 망치고 있는지를 철저히 고민한 결과, 맨션과 도시의 접지면이 가장 문제라는 결론에 도달했습니다.

기요노　접지면이라…, 알 듯 말 듯하네요. 저층부의 외벽을 말하는 건가요?

구마　외벽, 특히 지면과 맞닿는 부분이죠. 예를 들어 쇼와 시대에 일본주택공단[10]은 일본 각지에 단지를 만들었잖아요. 그 단지 안에 1층은 상점, 2층은 가족이 거주하는 공간으로 구성된 상점가의 모습은 게타바키 주택下駄ばき住宅-상가(1층)에 주거(2층)를 얹은 모습을 나막신(게타)에 비유한 표현으로 불리는 친숙한 모델이었습니다.

기요노　옛날 상점가는 점주 가족이 가게의 안쪽이나 2층에 거주하는 게 일반적이었죠.

구마　예전에는 1층의 상점과 거리가 연결되어 있었고, 그 안에서 사람이 거주하곤 했죠. 그렇게 되면 건물이 지니는 거리를 향한 거리감, 친밀감이 확연히 달라집니다. 그런데 언제부턴가 도쿄에 확산하기 시작한 맨션들은 그 접지면에서의 커뮤니케이션을 포기한 채, 어디를 가도 모두가 묘석 같은 단면으로 변해버렸죠. 그 결과, 도시 고유의 색과 냄새를 잃어버리고 말았습니다. 그렇기에 저는 '묘석 같은 부분'을 지워야 한다고 생각했으며 이를 위한 디자인으로서 에코베일이라는 패널을 고안한 것입니다.

기요노 요즘은 에코나 도시의 녹화가 시대의 화두니까 딱 들어맞는 개념이네요.

구마 음, 사실 에코베일이라고 부르긴 해도 그 발상의 출발점은 히가시이케부쿠로 주변에 밀집한 저렴한 목조 아파트木賃アパート에 있습니다.

기요노 네? 정말요?

구마 도쿄가 가진 또 하나의 풍경에는 전후에 지어진 작은 목조 주택이 밀집한 모습이 있습니다. 이러한 저렴한 목조 아파트가 밀집된 지역은 화재 같은 재해에 취약하다는 이유로 점점 철거되는 추세지만, 예전 목조 주택들은 처마에 분재를 놓거나 스다래すだれ-일본식 대나무 발를 걸어두며 거리에 대한 배려를 드러냈죠. 그러한 배려와 인간적인 스케일감을 현대적으로 디자인하고 싶었습니다.

기요노 디자인의 원천이 저렴한 목조 아파트라니… 지나치게 세련된 느낌도 드네요.

구마 분양형 맨션과 결합함으로써 사업이 성립되는

구조였기 때문에 일정 수준의 가격을 지불할 고객들을
끌어들여야 했죠. 저렴한 목조 아파트와 수천만 엔의 맨션
가격을 동시에 성립시키는 일이 가장 큰 도전이었습니다.

<u>기요노</u>　저는 완전히 '이제는 에콜로지의 시대다!'라는
콘셉트인 줄 알았어요. 예를 들어 밀라노 중심부에 있는
유명한 초고층 맨션 「보스코 베르티칼레」(2014)처럼 말이죠.
이 건축물은 밀라노 공과대학 교수이자 건축가인 스테파노
보에리가 설계한 것으로, 베란다에 나무를 왕창 심어 해가
갈수록 자라나 공중에 떠 있는 숲처럼 보이도록 했습니다.
구마 씨의 디자인 또한 그 계보인 줄 알았는데 저렴한 목조
아파트와 타워맨션의 조합이라니(웃음). 전혀 예상 밖이네요.

<u>구마</u>　밀라노의 「보스코 베르티칼레」는 접지면에 대한
인식이 아닌 각자의 사유 공간을 얼마나 고급스럽게 꾸며 더욱
비싸게 팔 수 있을까를 위한 어휘에 불과해요. 그렇기 때문에
녹지라고 하기에는 건강하지 못하죠. '우리는 그냥 부자가
아닌, 환경도 중요하게 생각하는 부자야'라는 식의 자의식을
거주자들에게 부여하는 특권적인 디자인이라고 생각합니다.
그건 저의 입장과는 달라요.

<u>기요노</u>　에코베일은 높은 의식을 가진 부자를 겨냥한 디자인이
아니라는 말이군요.

<u>구마</u>　제가 생각하는 일본 특유의 방식이란, 녹지를

밀라노 중심부에 위치한 「보스코 베르티칼레Bosco Verticale」

매개로 타워맨션이라는 다소 거북한 건물을 서민적인 동네에 자연스럽게 잇는 겁니다. 그렇기 때문에 밀라노의「보스코 베르티칼레」와는 발상 자체가 완전히 다르죠. 애초에 유럽에는 서민이 정원을 가꾸는 문화가 없습니다. 정취 가득한 나폴리의 서민 동네조차 골목에 널린 건 빨래일 뿐 녹지는 없잖아요. 그런데 일본은 넓은 정원을 가진 부자들의 녹지는 물론, 서민도 서민 나름의 녹지에 대한 언어를 가지고 있었죠. 그런 문화를 이케부쿠로에서 되찾을 수 있다면 좋겠다고 생각했습니다.

위기를 기회로
― 소멸 가능성의 쇼크를 딛고 반격에 나서다

기요노 　「에코뮤제 타운」은 공공 건축물이기 때문에 토지 소유자, 사업자뿐만 아니라 납세자들과의 합의도 필요했을 것 같은데요, 어려운 점은 없었나요?

구마 　　디자인 감수자로서 과감하고 아방가르드한 제안을 했지만 프로젝트 자체가 어려웠냐고 묻는다면, 실은 도시마구의 다카노 유키오 구청장님의 리더십 덕분에 예상외로 큰 어려움은 없었습니다. 무엇보다 토지의 소유자들이 구청장님의 철학에 공감했기 때문에 사전 설명회 때부터 분위기가 좋았어요. 주민이 얽힌 사업은 대개 꼬이기 마련인데, 그런 점에서 이례적이었습니다. 다카노 유키오 씨는 굉장히 재미있는 분이에요. 구청장님의 이야기를 꼭 들어보고 싶네요.

<u>기요노</u>　직접 이야기를 들어보도록 할까요?

다카노 유키오, 도시마구청장의 이야기

1999년, 처음으로 도시마구청장에 당선되어 현재 여섯 번째 임기를 맡고 있습니다. 이제 갓 성인이 된 이들로부터 '태어났을 때부터 지금까지 다카노 구청장님밖에 몰라요'라고 들을 정도가 되었네요. 제가 태어나 자란 곳은 이케부쿠로역 서쪽 출구에 있던 헌책방으로 릿쿄대학 학생들의 아지트였습니다. 모여드는 학생들로 언제나 북적였죠.

대학 시절은 고도 경제성장의 한가운데였고 저도 회사원에 대한 동경이 있었지만 대학 2학년 때 아버지가 돌아가시면서 가업을 잇게 되었습니다. 지역에서 태어나고 자란 저는 뼛속까지 이케부쿠로의 팬입니다. 한편 역 앞에서 장사하면서도 이 동네의 인기가 시부야나 신주쿠에 한참 못 미치고 있다는 사실이 늘 안타까웠습니다.

45세 때는 구의원 후보로 나서 달라는 상점가 사람들의 권유를 받았습니다. 그때부터 도의원을 거쳐 61세에 구청장이 되었고요.

예전부터 품어왔던 '도시마구를 문화의 거리로 만들겠다'는 목표를 향해 나아가고자 굳게 마음을 먹었습니다.

하지만 취임 직후 마주한 현실은 그야말로 참담했습니다. 버블 붕괴의 여파로 행정과 지역 사회가 전국적으로 힘든 상황 속에서 도시마구는 무려 872억 엔이라는 빚을 떠안고 있었기 때문이죠. 그 원인으로는 제가 취임하기 이전 행정이 추구해 온 아동관, 노인복지시설, 협소공원 등 하코모노ハコモノ-개성 없는 상자 같은 형태의 공공건물를 계속해서 지어온 '토목 노선'에 있었습니다. 표면적으로는 복지처럼 보였지만 실제로는 전형적인 하코모노의 남발이었죠. 게다가 버블 붕괴 이후에도 그런 건물들은 관성적으로 계속 지어졌고요. 한편 그것들이 만든 막대한 적자는 도시마구 예산이 아닌 토지개발공사로 넘겨졌기 때문에 오랫동안 눈에 띄지 않았던 것입니다. 그 사실을 알게 되었을 때는 걷잡을 수 없는 분노가 치밀더군요.

하지만 그 분노를 누구에게도 쏟아낼 수는 없었죠. 꿈은 일단 제쳐두고 각오를 다질 수밖에 없었습니다. 투명한 방식으로 재정을 정상화하겠다고 결심한 뒤, 숨겨진 부채를 공개했고 할 수 있는 건 뭐든지 했습니다. 가장 먼저 저의 급여를 삭감하고 직원들의 급여도 감축했죠. 의원 정수 감축, 구 소유의 토지를 매각, 시설 통폐합, 사업 민영화…. 급여 삭감에 반대하며 직원 단체가 연일 농성하며 항의하는 상황 속에서도 출퇴근을 해야 했죠. 구의회에서는 고함과 함께 격렬한 비난이 쏟아졌고요.

　2013년, 4기째 임기 중반에 접어들 무렵, 마침내 도시마구는 저금이 부채를 넘어서는 재정의 전환점을 맞이합니다. 여기까지 오는데 무려 14년이 걸렸네요. 지금부터야말로 '문화 도시 만들기'에 본격적으로 나설 수 있겠다고 생각하던 찰나, 이번에는 '소멸 가능성'에 대한 충격이 기다리고 있었습니다.

　일본창성회의 인구감소문제 검토분과회가 2014년에 발표한 『지방소멸』에서 도시마구는 도쿄 23구 중 유일하게 소멸 가능성[7]이 있는 자치단체로 지목되었습니다.

　그 충격은 지금도 잊을 수 없습니다. '도시마구가 정말로 사라지는 건가요?'라는 문의가 구청에 연일 쇄도할 정도였죠. 이미 일본은 인구 감소 국면에 접어들었고 지방의 공동화와 뉴타운의 쇠퇴는 자주 거론되고 있었습니다. 그럼에도 도쿄 한복판의 도시마구가 소멸 가능성이 있는 도시라니…. 애초에 도시마구의 인구 밀도는 당시에도 지금도 전국 1위 수준인걸요.

　즉시 구청 내에 팀을 꾸려 원인 분석에 착수했습니다. 거기서 전입 인구의 감소가 소멸 가능성에 대한 가장 큰 이유라는 사실을 알게 되었습니다. 그때 저는 '어쩌면 엄청난 기회이지 않을까?'라고 생각했습니다. 맞습니다, 위기가 아니라 기회입니다.

　예전부터 균형을 맞추며 인구를 늘리는 것이 도시마구의 주요 과제였고, 그중에서도 특히 젊은 여성이 '도시마구에 살고 싶다'

고 느끼게 하는 것이 중요했죠. 육아하기 좋은 환경을 위해 보육원 신설이나 공원 정비 등 실현하고 싶은 것이 산더미였지만 도쿄 특별구의 예산은 '23구의 균형 있는 발전'을 도모하기 위해 재원이 조정되므로 각각의 구가 독자적인 개성을 나타내기가 어렵습니다.

하지만 소멸 가능성이라는 충격이 있었기 때문에 도시마구로서 해야 할 일을 명확하게 제시할 수 있었습니다. 보육원과 공원의 확충을 필두로 보육원 대기 문제 해소, 모든 구립 초등학교에서 저녁 7시까지 방과 후 교육 실시 등 그동안 준비해 온 육아 세대를 위한 지원 정책을 하나하나 실행에 옮겼습니다.

이전부터 도쿄 중심부에는 타워맨션이 늘어나며 젊은 세대의 도심 회귀가 시작되고 있었습니다. 그 흐름을 의식하여 이케부쿠로 일대에서도 본격적인 주택 개발에 나섰습니다.

이는 오랫동안 목표로 삼아온 '도시마구를 문화 도시로 만든다'는 비전을 향한 스텝이기도 했습니다. 부채에 허덕일 때도, 저는 구청장 선거에서 반드시 '도시마구를 문화 도시로 만들겠습니다' 라고 외쳤습니다. 주민들에게 힘겨운 살림살이를 공개하며 '재정을 재건하고 있습니다'라고 외친다 한들, 폐쇄감이 전면에 드러난다면 구민은 희망을 잃어버릴 수밖에 없죠. 이런 소멸 가능성의 도시라는 충격에서 탈피하고 문화 도시로의 전환을 이루기 위한 기폭제가 바로 구청사의 신축 프로젝트였습니다.

애초에 옛 구청사 건물은 도쿄 23구 중에서 가장 오래되고 노후화도 심각했습니다. 내진 성능도 없는 건물로 사용 환경도 열악했죠. 이케부쿠로역 동쪽 출구라는 명당 자리에 낡아빠진 옛 청사 건물이 서 있는 것 자체가 역 앞의 활력을 저하했던 셈입니다. 그렇게 구청사의 신축은 구민과 직원 모두에게 오랜 과제였지만 도시마구의 재정으로는 신축을 위한 비용을 마련할 수 없었습니다. 도쿄 23구 중에는 지요다구, 주오구처럼 차원이 다른 부자 동네도 있지만, 도시마구는 하위권에 가까운 곳이니까요.

그러한 현실에서 출발하여 오랜 준비 기간을 거친 후에 구청사의 이전 및 신축, 그리고 타워맨션을 결합한 '획기적인 전략'을 내놓았습니다. 처음에는 반신반의하던 토지 소유자들을 수차례 찾아가 '여러분과 도시마구 전체를 위한 일입니다'라는 설명을 반복했습니다. '오지 말라!'고 말하는 사람들에게 찾아가는 게 정치가의 일이니까요.

이 기회를 놓쳐서는 안 된다고 생각하며 잇따라 조치를 취한 결과, 구내의 가족 세대 인구가 눈에 띄게 증가하기 시작했습니다. 맞벌이가 가능한 환경이 마련된다면 이는 재차 인구 증가와 주민세의 형태로 구 재정에 환원되죠. 실제로 2014년도부터 2019년도까지의 전입 인구와 주민세 수입은 상승세를 그렸습니다. 이 5년 사이에 인구는 약 1만8천 명, 과세의무자는 2만1천 명이 증가했습니다. 위기가 클수록 기회도 늘어납니다. 그런 의미에서 도시마구는 기회의 보물창고였습니다.

제5장

미나미이케부쿠로 공원의 리노베이션

기요노   도시마구의 공격적인 전략의 배경에는 구마 씨가 앞서 언급한 것과 동일한 '부채'가 있군요. 도시마구의 재생을 이끈 다카노 구청장은 2020년 현재, 82세입니다. 대단할 정도로 놀라운 열정과 행동력이네요.

구마   대단하네요. 스무 살은 더 젊어 보이는걸요.

기요노   물론 정치인으로 활동하면서 노련함을 갖추었을 테지만, 느긋한 분위기 속에 따뜻함이 묻어나는 인품을 지닌 분이죠. 다카노 구청장은 구의원, 도의원을 거쳐 도시마구청장을 역임하는 동안 이케부쿠로 역 앞에 본인의 가게와 자택을 처분하고, 그 이후로는 줄곧 임대 맨션에서 살고 있다고 합니다.

구마   정말요?

기요노   저도 놀랐어요. 실제로 댁을 찾아뵐 기회가 있었는데 이케부쿠로역 근처에 있는 세련된 복층 구조의 집이었습니다. 다만 지어진 지 30년이 넘은 오래된 건물이었어요. 후원회도 없고 정치 이벤트도 열지 않죠. 급여를 공개하며 본인의 돈으로 감당하지 못할 가게는 가지 않는 등 신변을 투명하게 유지함으로써, 본인의 고향을 재생시킨다는 큰 꿈에 가까이 다가갈 수 있었던 거죠.

구마   본보기가 되는 이야기네요.

기요노   독특한 점은 도시마구와 이케부쿠로의 재생을 위해 공원의 화장실에서부터 시작했다는 점입니다. 한때 도시마구에 무분별하게 만들어진 협소한 공원을 통폐합한 후 공중화장실 정비에 예산을 들여 낡고 처참한 공중화장실을 깨끗하고 편리한 시설로 바꿨습니다. 설비뿐만 아니라 외벽에 그림을 그리는 등 외관까지 재미있게 만들었고요. 가장 작은 단위에서부터 도시 만들기를 시작했다는 이야기죠.

구마   도시마 구민 센터의 2, 3층을 화장실로 만들어 도시에 개방한 발상도 그런 흐름에서 비롯된 걸까요? 민간 기업이라면 그러한 결단은 절대 불가능할 텐데 말이죠. 화장실이라는 공간은 건축가로서 새롭게 인식하고 싶은 대상이기도 합니다.

기요노   이케부쿠로의 도시 재생에서는 공원 자체도 커다란 역할을 했습니다. 도시마구는 「에코뮤제 타운」과 인접한 지역에 위치한 「미나미이케부쿠로 공원」(2016)의 리노베이션도 동시에 진행했어요. 「미나미이케부쿠로 공원」이야말로 이케부쿠로의 이미지 변신에 결정적인 전환점이었다고 봅니다.

구마   그 공원만으로도 구청장의 철학이 전해지죠.

기요노   리노베이션 이전의 「미나미 이케부쿠로 공원」

「미나미 이케부쿠로 공원」 (2016)

은 시야 확보가 어렵고 밤에는 무서워서 남성조차 쉽사리 발길을 들이지 못하는 분위기였습니다. 하지만 6년 반에 걸친 리노베이션을 통해 잔디가 깔리고 개방적이며 밝은 공원으로 새롭게 태어났습니다. 조망이 가장 좋은 북동쪽의 한편에는 카페를 마련하였으며 화장실도 정비했습니다. 아이를 동반한 가족, 특히 아이 엄마들 사이에서 많은 인기를 얻었고 공원을 목적으로 유모차를 끌며 일부러 이케부쿠로 외출하는 이들도 늘었습니다. 지금은 가족 단위는 물론 근처 직장인이나 학생, 관광객까지 다양한 사람들이 저마다의 시간을 공원에서 보냅니다.

구마 뉴욕의 센트럴 파크까지는 아니더라도 브라이언트 파크와 비슷한 정취가 있죠. 영화로도 유명한 뉴욕 공립 도서관[8] 옆에 위치한 브라이언트 파크는 예전만 해도 마약 거래 장소로 악명이 높아 아무도 가까이하지 않았죠. 그러나 디자이너와 행정이 힘을 합쳐 완전히 새로운 공원으로 탈바꿈했습니다.

기요노 이전에 구마 씨는 '뉴욕이 어떻게 세계적인 도시가 되었는가'라는 질문에 '맨해튼에 센트럴 파크라는 거대한 공원을 만들었기 때문이다'고 말한 적이 있어요.

구마 뉴욕은 산업이 발전하던 19세기 무렵, 인구가 급증하던 때에 맨해튼 중심에 커다란 공원을 만들었습니다. 눈앞의 이익에 집착했다면 비즈니스 중심지에 '구멍'을 낼 수 없었겠지만 먼 미래를 내다본 관계자들에 의해 가능한 결단이었죠. 현재는 센트럴 파크가 없는 뉴욕을 상상할 수도 없습니다. 도시에는 이런 전환점을 판단하고 실천에 옮기는 운동 신경이 목숨만큼 중요하죠. 센트럴 파크를 디자인한 프레드릭 로 옴스테드라는 조경가는 본래 정치가를 꿈꾼 인물로, 세상을 바꾸고 싶다는 문제의식과 의지를 센트럴 파크에 담아냈습니다. 그렇기 때문에 단지 아름다움만으로 끝나지 않는 정원을 만들 수 있었죠.

기요노 규모는 다르지만 도시가 얻은 의미로서 「미나미이케부쿠로 공원」은 그에 필적한다고 생각합니다. 어두워지기 시작하면… 아니, 낮에도 접근하기 어려웠던 이케부쿠로역 근처 약 7,800m^2의 문제 지역이 공원 리노베이션을 통해 주변에 커다란 변화를 만들었으니까요.

이케부쿠로의 정체성을 형성하는
도덴 아라카와선

구마 이케부쿠로가 지닌 잠재적 매력에는 일종의 어두운 서브 컬처가 있습니다만, 그것만으로 도시를 계획하기에는 부족합니다. 공원이나 역 앞을 공공 공간으로서 밝고 개방적으로 정비함으로써 어두움이라는 숨은 멋이 부각되는 법이죠. 덧붙이자면 이케부쿠로에는 다양한 학교가 있다는 점도 도시로서 큰 강점이라고 생각합니다.

기요노   서쪽 출구에는 릿교대학의 분위기가 묻어나는 벽돌로 구성된 캠퍼스, 야마노테선의 한 정거장 옆에 있는 메지로역 앞에는 녹음이 우거진 가쿠슈인대학이 있습니다. 캠퍼스 건축으로는 서쪽 출구에서 메지로에 이르는 사이에 프랭크 로이드 라이트가 설계한 「자유학원 명일관」도 빼어난 풍경을 자아냅니다.

구마   세계 각지에서 여러 프로젝트를 진행하며 느낀 점은 활기가 넘치는 동네에는 학교가 있고 학생도 많다는 사실입니다.

기요노   한마디로 젊은 사람들로 넘쳐난다는 말이죠.

구마   도시 디자인도 중요하지만 동네에 젊은 세대가 존재하고, 또 그들이 즐기고 있다는 사실이 훨씬 더 중요합니다. 꼭 종합대학만이 아닌 전문학교나 여러 형태의 학교와, 주류 문화에서 서브 컬처까지 폭넓게 다루는 다양성의 존재는 도시의 활력으로 이어집니다. 게다가 그 이상으로 이케부쿠로에 영향을 주는 것은 경전철(이하 LRT Light Rail Transit)의 존재죠.

기요노   LRT? 아, 도덴 아라카와선이요?

구마   맞아요. 아직까지 현역으로 달리는 칭칭 チンチン−전차가

_{다가올 때 울리는 경고 벨 소리를 흉내낸 의성어} 전차는 이케부쿠로가 지닌 아이덴티티의 핵심이죠.

기요노 칭칭 전차라는 이름에는 향수가 담겨 있고 LRT라는 이름은 친환경적인데다 세련되게 들리죠. 도덴 아라카와선은 메이지 시대(1868~1912)에 설치된 전기 철도로서 도쿄에 유일하게 남아있는 도쿄도 전차_{東京都電車-도쿄 도청이 운영하던 도쿄 시내 노면 전차}입니다. 지금도 나쓰메 소세키가 묘사했던 메이지 시대와 다이쇼 시대(1912~1926)의 공기를 싣고 와세다를 기점으로 가쿠슈인시타, 조시가야를 거쳐 이케부쿠로 방면에서 미노와까지 연결되어 있죠. 조시가야 영원은 소세키가 잠든 곳으로, 미노와는 『허리케인 죠』[9]의 무대가 되었던 노숙자나 빈곤층도 함께 어울린 하층민 구역인 나미다바시_{淚橋}근처입니다. 진득한 분위기를 자랑하죠.

구마 칭칭 전차는 아무리 도시를 재정비해도 지워지지 않는 과거의 여러 기운을 실어 나르고 있죠. 마치 시간을 여행하는 듯한 느낌이 좋아요.

기요노 『신 무라론』에서 시모키타자와를 걸었을 때, 도시 발전을 저해한다고 여겨진 오다큐선의 건널목을 본 구마 씨는 '건널목이 있는 풍경이 좋다'고 말했죠. 그런 요소들을 모두 불편하고 비효율적이라는 이유로 근절시킨 것이 전후 일본의 도시 계획이죠.

구마   도쿄뿐만 아닌 일본 전역이 일제히 그러한 방향으로 나아갔기 때문에 운 좋게 남아 있는 장소가 현재는 엄청난 자산으로 보이는 거죠. 그러한 '시대에 뒤처진 유산'을 더욱 의식해야 할 때입니다.

단지는 맨션이 잃어버린 무언가를 간직하고 있다

구마   그런 기준에서 보면 저는 맨션이 아닌 단지전쟁 이후 일본에서 대규모로 조성된 집합주택에도 많은 애착이 갑니다. 단지 또한 칭칭 전차와 마찬가지로 일본 근대가 지녔던 무언가, 즉 주거가 하나의 상품으로 타락해버리기 이전 시대에 존재한 건축가와 디자이너들의 진심 어린 마음을 전하고 있죠. 1950년대 후반, 단지 개발 초기 설계에 참여한 사람들은 상품이 아닌 인간의 생활을 디자인하고자 진지하게 고민했습니다. 그 시절의 향기가 단지에는 아직 남아 있어요.

기요노   일본의 단지를 선도한 것은 1955년에 설립된 일본주택공단입니다. 현재는 독립행정법인인 UR도시기구(통칭 UR)로 바뀌었습니다. UR의 단지는 여러 곳에 있습니다만, 구마 씨가 실제로 참여한 사례로는 JR네기시선 요코다이역 앞에 위치한「요코다이 단지洋光台団地」가 있네요.

구마   〈르네상스 in 요코다이〉[11]라는 이름의 리노베이션 프로젝트에 '디렉터 아키텍트'로서 참여했습니다.

기요노　'디렉터 아키텍트'라니, 다소 생소한 직함이네요.

구마　「요코다이 단지」의 리노베이션은 크리에이티브 디렉터인 사토 카시와 씨와 함께 구상 단계부터 논의했습니다. 저와 사토 씨의 역할은 전체를 관통하는 콘셉트를 설계하고 그로부터 건축, 로고, 사인 같은 구체적인 디자인으로 구체화하는 것이었죠. '디렉터 아키텍트'란 그렇게 전체를 지시하는 건축가라는 의미에서 만든 단어고요. 부지 내에 새롭게 만드는 집회소 설계의 공모를 심사하는 동시에, 저는 광장과 주거 건물의 리노베이션 디자인을 맡았습니다. 처음부터 소프트웨어를 포함하여 영화감독처럼 '디렉션' 하고 싶었지만 '디자인 아키텍트'는 아무래도 디자인만 하는 느낌이라 뭔가 다르다고 생각했어요. 그래서 '디렉터 아키텍트'라는 이름으로 부르기로 했죠.

기요노　시부야를 시작으로 이케부쿠로, 그리고 이케부쿠로에서 요코다이라니, 전혀 예상치 못한 전개네요.

구마　이케부쿠로에도 UR이 운영하는 단지가 있긴 해도 이는 단일 건물 형태입니다. 일반적으로 넓은 부지에 주거 동이 쭉 늘어선 독특한 풍경의 단지는 대부분 교외에 자리하고 있죠. 요코다이는 도심부가 아닌데다 행정상 주소는 요코하마이며, 경제성장을 이끈 샐러리맨들을 지탱해온 장소로서, 의심할 여지없는 도쿄의 일부죠.

기요노 「요코다이 단지」는 UR이 단지를 재생하는 파일럿 프로젝트 중 하나입니다. 구마 씨의 손길이 더해진 외관과 동시에 쇼와 시대에 형성된 단지 모델을 앞으로 어떻게 지속 가능하도록 유지할 수 있을지를 모색하는 UR의 시행착오가 담겨 있죠. 요코다이역 주변은 고도경제성장기에 베드타운으로 개발된 전형적인 교외 지역으로, 인접한 코난다이 지역에도 UR의 대규모 단지가 있죠.

구마 UR의 단지 건설은 오사카 엑스포 이후의 1971년도에만 전국적으로 8만 세대 이상을 건설할 정도로 정점을 찍었습니다. 이후 전성기가 지나면서, 특히 인구 감소와 고령화가 두드러진 지금에는 얼마나 적절하게 규모와 세대 수를 축소시켜 나갈 것인가가 단지의 과제가 되었습니다. 그럼에도 불구하고 UR의 단지는 전국에 1,700개 이상으로, 관리하는 임대주택은 약 75만 세대에 달합니다.

기요노 세계 최대의 집주인이라고 불리기도 하죠.

구마 지금의 글로벌 경제 속에서 임대주택을 잘 활용하는 법은 인간에게 있어 중요한 문제라고 생각해요. 설계자들도 거주를 사유의 자산으로만 바라보지 말고 삶의 질을 높이기 위한 장치, 즉 하나의 도시 인프라로서 디자인하는 것이 중요합니다. 공동주택을 자산으로 여기는 사고방식은 그저 비싸게 팔기 위한 덫이며, 여기에 빠진다면 결국 삶의 질은 떨어지고 말죠. 이는 제가 30년 걸쳐 깨달은 결론이에요.

기요노 구마 씨는 협동조합 주택 프로젝트에서 쓴맛을 본 적이 있으니까요. 경험을 통해 얻은 소중한 교훈입니다.

단지에 스며든 빌리지의 DNA

구마 일본의 단지, 특히 일본주택공단이 만든 단지는 세계적으로 봐도 특별한 존재입니다. 콘크리트 상자 같은 공동주택이 쭉 늘어선 모습은 구소련이나 동유럽 등 옛 공산권의 전형적인 주거 형태지만, 그 원형은 제2차 세계대전 이전의 유럽에서 한때 활발히 지어진 공공주택에 있습니다. 모더니즘 건축이 막 태동하던 시기죠. 르 코르뷔지에를 포함한 모더니스트들이 전쟁 이후 1950년대에 선보인 공동 주택「유니테 다비타시옹」의 브루탈한 디자인도 큰 영향을 끼쳤고요. 반면 일본의 단지는 이데올로기보다는 이상적인 모던함의 일부를 자국에 이식한 것이죠. 관동대지진 이후의 복구와 제2차 세계 대전 이후의 복구라는 두 차례의 거대한 수요가 있었기 때문에 이데올로기 따윈 없는 소련식 대형 건물이 생겨버린 거고요.

기요노 「유니테 다비타시옹」(1952)은 그야말로 20세기

고층 개발인 '빛나는 도시'의 원형이 된 철근콘크리트의
공동주택입니다. 처음으로 만들어진 프랑스 마르세유의
「유니테 다비타시옹」은 8층 건물로, 337세대가 입주할 수
있는 거대한 상자입니다. 요즘의 40층이 넘는 타워맨션 건물에
500~600세대가 들어서는 점을 미루어보면 인구밀도가 얼마나
높은 건물인지 짐작할 수 있습니다.

구마　　르 코르뷔지에는 「유니테 다비타시옹」을 통해
사회주의 사상을 주거로 번역하고자 했으며 이를 바탕으로
도시 전체를 가득 채우고자 한 것이 구소련이죠. 이후
사회주의의 모범생처럼 행동한 것이 일본의 단지고요.

기요노　　전후 미국식 민주주의에 물든 일본이었지만 애초에
일본 사회는 공동체 의식과 동조 압력이 강한 탓에
자연스럽게 사회주의적인 성격을 지녔죠.

구마　　일본의 단지에는 그런 사회의 특성이 잘 반영되어
있어요. 물론 전후 미국과 유럽에서도 주택난은 큰
사회문제였기 때문에 단지나 콘크리트의 거대한 공동주택은
서양에서도 많이 지어졌습니다. 하지만 미국, 영국, 네덜란드
같은 나라에서는 금방 슬럼화되었으며 수명 또한 오래가지
못했죠.

악명 높은 사례로는 1954년에 미국 미주리주 세인트루이스에
지어진 「프루이트 아이고」[12]가 있습니다. 황량한 부지에

똑같이 생긴 11층짜리 상자 건물이 줄지어 들어선 거대한 단지가 완성되었을 당시의 모습은, 그야말로 '빛나는 도시'였습니다. 하지만 중산층 백인들에게 인기를 얻지 못했고, 머지않아 인구 감소와 범죄가 들끓는 지역으로 변했습니다. 결국에는 모든 건물이 폭파되었죠. 건축 평론가들은 이 충격적인 사태를 '모더니즘은 실패였다'는 논의로 연결시켰고, 이후 등장한 포스트모던 사상에 이어지는 상징적인 프로젝트입니다. 하지만 진짜 문제는 모더니즘 자체가 아닌 미국인들에게 공동주택이 적합하지 않다는 점입니다. 미국인들은 공동주택에서 살아가는 문화를 제대로 갖추지 못했기 때문이죠.

기요노 현장조사를 위해 일본에 방문한 케임브리지 대학의 건축학 교수의 요청으로 「요코다이 단지」를 안내한 적이 있습니다. 그는 무엇보다 지어진 지 70년이 넘은 대규모 단지가 깔끔하게 유지되고 있다는 점에 충격을 받더군요. 단지 내 도로, 공원, 정원, 건물의 로비의 '공유 공간'은 UR이 관리하고 있으며, 각 세대의 복도 등 이웃과 접하는 '공용 공간' 또한 꼼꼼히 청소된 상태였습니다. 주민들 모두가 자신들이 거주하는 단지에 대한 자부심과 애정을 가지고 있다는 점을 느낄 수 있었죠.

구마 영국에서는 집합주택, 특히 초고층 아파트는 슬럼화의 역사가 있으니까요. 영국인들도 미국인처럼 인구 밀도가 높은 곳에서 커뮤니티를 만들어가는 데 익숙하지 않아요. 물론 일본과는 다른 엄격한 계급 사회 같은 배경도 작용하고 있기 때문일 테지만, 어쩌면 앵글로색슨계 특유의 공간 감각이 관련 있을지도 모르겠네요. 라틴계 사람들은 로마 시대부터 인술라_{고대 로마의 다세대 주택}라는 고밀도 공동주택에 익숙한, 이른바 '도시의 민중'이었죠. 반면 앵글로색슨계는 애초부터 이동하는 사람이라 저밀도를 선호했기 때문에 공동주택에 정착하는 습관이 없었던 겁니다.

기요노 무엇보다 게르만 민족의 대이동으로 유명한 사람들이니까요. 다만 일본인의 정착형 주거 형태 또한 전쟁 전까지는 나가야_{長屋}나 다이묘 야시키_{大名屋敷 – 에도 시대 다이묘(영주)의 저택}처럼 모두 저층의 목조 건물로, 단지와 같은 형태는 아니었습니다.

구마 즉 전쟁 후의 일본인들은 단지라는 자신들에게 완전히 새로운 주거 형태를 수용하고, 훌륭히 활용하며 살아갔다는 이야기죠. 무서울 정도의 적응력이며, 세계유산에 버금가는 일본의 성취라고 해도 좋지 않을까요(웃음).

기요노 그 배경에는 일본 농촌의 역사도 한몫했을 거라는 생각이 듭니다.

구마 그야말로 제가 줄곧 추구해온 빌리지_{ムラ}[3]의 DNA인

셈이죠.「요코다이 단지」도 제가 리노베이션에 참여하기 전부터 주민들은 이미 '빌리지'로서 살아가고 있었습니다.

기요노   일본의 단지는 주민들의 소프트 파워 덕분이군요.

구마   동시에 그런 생활방식을 꾸준히 유지해온 UR의 노력도 높이 평가해야 합니다.「요코다이 단지」의 리노베이션에서도, 당시 UR도시기구 동일본 임대주택본부 가나자와 지역 경영부장인 오타 준太田潤 씨와 단지 매니저였던 오가미 미츠노리尾神充倫 씨가 현장을 이끌며 다양한 관계자들을 유기적으로 연결했죠.

기요노   단지의 저력에는 일본주택공단 시절의 디자인 역량도 한몫하고 있지 않을까요.

구마   맞습니다. 현재까지 계속되는 주거 방식을 마련한 디자인 역량은 매우 훌륭하죠.「프루이트 아이고」처럼 상자를 덜컥 놓는 게 아닌 지형에 맞추어 동의 형태나 층수를 조금씩 바꾸거나 배치 각도를 조금씩 조정하면서 정원이나 집회소 같은 외부 공간과의 관계에 변화를 주었죠. 콘크리트 상자를 어떻게든 인간적인 것으로 만들고자 했던 앞 세대의 의지와 집념이 느껴집니다.

「요코다이 단지」가 만들어진 게 1970년대라는 점도 좋네요. 알바 알토[13] 같은 부드러운

---

3   무라ムラ는 본래의 마을村의 의미를 넘어, 맥락에 따라 전통적 공동체부터 폐쇄적/배타적 성격의 집단까지 폭넓은 의미를 가진다.

모더니즘의 영향을 볼 수 있으니까요.

기요노 단지가 제안한 2DK_{방2개+다이닝+키친}라는 구성은 장지나 미닫이가 아닌 문이 달린 개인실이 있다는 점도 획기적입니다. 게다가 부엌과 거실의 통합에 더불어 접이식 식탁이 아닌 의자와 식탁을 놓고 식사와 단란한 시간을 보낸다는 라이프스타일은 새로운 시대의 상징이었죠. 이후 구마 씨나 제가 초, 중, 고등학생이었던 1970년대부터는 민간의 맨션이 등장했습니다. 당시 단지에는 없는 상류계급의 이미지가 있어서 '우와! ○○군은 맨션에 산대!'라며, 저 같은 사람들은 눈이 휘둥그래졌던 기억이 납니다.

구마 그렇게 사람들의 눈을 현혹시킨 것이야말로 일본 도시의 가장 커다란, 게다가 비극적인 전환점이라고 생각해요. 그 시점부터 디벨로퍼의 마케팅 전략에 의해 '공공주택은 촌스럽고 민간의 분양 맨션은 세련되고 고급지다'라는 이미지가 일본인들의 머릿속을 바꾸었죠. 맨션이라는 반反 도시적이라고 볼 수 있는 폭력적 상품으로 도쿄가 채워지게 된 시작입니다.

제5장

도시 재생에는 문화가 필요하다

기요노   단지의 흐름에 덧붙이자면, 오모테산도와 다이칸야마에 있던 「도준카이 아파트」를 도심 속에 남기지 못한 것도 도쿄에게 뼈아픈 일입니다.

구마   「도준카이 아파트」는 관동대지진의 복구 주택으로, 당시 일본의 높은 의식을 갖춘 관료들이 새로운 시대에 대한 꿈을 품고 인간의 삶을 진지하게 그려보고자 한 건물입니다. 제가 대학생 때 다이칸야마의 「도준카이 아파트」를 리노베이션하는 과제가 있어서 다이칸야마에 현장조사를 다녀왔었는데요. 역 앞에 어스름한 숲 속에 세워진 아파트 사이로 식당과 목욕탕 등이 있던 풍경은 마치 꿈속 세계에 들어간 것처럼 흥미로웠습니다.

기요노   다이칸야마의 「도준카이 아파트」는 지난 세기말에 완전히 철거되었으며, 2000년에는 그 자리에 상업시설과 맨션이 들어서면서 「도준카이 아파트」의 흔적은 완전히 사라져버렸죠. 기존의 풍경을 기억하지 못하는 세대에게 다이칸야마 역 앞에는 「도준카이 아파트」가 있었다고 말해도 그 흔적은 어디서도 찾아볼 수 없죠.

구마   도시는 자본에 의해 갱신되는 것이 숙명이며, 게다가 갱신되지 않으면 도시로 존재할 수 없어요. 그래서

「도준카이 아파트」의 흔적을 조금이라도 전달할 수 있도록 재개발되었더라면 현재 시대의 다이칸야마 역 앞 가치는 훨씬 더 높아졌을 텐데 말이죠.

기요노 도시를 갱신할 때 무엇이 있어야 사람이 살아가는 장소로서의 도시가 될 수 있을까요? 시부야는 '자본'이었고 이케부쿠로는 '주민'과 '문화'였습니다. 전부 필요할 테지만 제 개인적인 바람을 말씀드리자면 '홈 터미널'인 시부야에는 좀 더 이케부쿠로 같은 장소가 있었으면 좋겠어요. 단적으로 말하자면, 시부야에 새로 생겨난 대부분의 가게나 장치들은 너무나 비싸고 잘난 척하는 느낌이에요. 시부야가 의식하는 건 여전히 '소비자'일 뿐 '주민'은 아닌 것 같아요. '홈 터미널임에도 불구하고 이 소외감은 뭐지?'라는 생각이 들곤 합니다.

구마 방금 전에 미국인과 영국인에 대해 '단지를 제대로 살지 못하는 사람들'이라고 비난했지만요(웃음). 영국의 명예를 위해 덧붙이자면 런던에는 예외적으로 성공한 집합주택인 「바비칸 에스테이트」(1976, 이하 바비칸)가 있습니다.

기요노 알아요. 1960년대에 금융가 시티 오브 런던 근처에 지어진 브루탈리즘[14] 스타일의 공동주택이죠. 거칠고 두툼한 콘크리트 외관은 무미건조하지만 여전히 인기가 있고, 금융가에 근무하는 고소득의 독신자나 런던 문화계 인사들이 살고 싶어하는 곳입니다.

구마　　일종의 빈티지죠.「바비칸」은 유럽의 중도 좌파가 활력을 가졌던 시대의 분위기가 남아 있는 아주 드문 장소입니다. 다른 나라임에도 왠지 그립다는 기분이 들 정도로 (웃음).

기요노　　시부야, 이케부쿠로, 요코다이에서 런던으로 넘어가는 건가요.

구마　　「요코다이 단지」처럼「바비칸」또한 단지 내에 넓은 공용 정원이 있습니다. 관리도 뛰어나며 주민들의 커뮤니티가 원활하게 유지되고 있어요.「바비칸」에 산다는 것에 대해 자부심을 지니는 분위기가 확연히 전해집니다.

기요노　　「바비칸」의 인기를 도쿄로 비유하면 지요다구나 주오구처럼 도심 입지의 승리라고도 할 수 있을까요?

구마　　글쎄요, 최근 오랜만에 방문했을 때도 브루탈리즘이 의도한 거친 느낌 속에서 설계자의 휴머니즘을 느낄 수 있었습니다. 결국 그것이 가장 중요하지 않을까 생각하네요.「바비칸」의 경우, 콘크리트의 상자에 인간적인 것을 담아낸 장치는 콘서트홀이나 갤러리 같은 문화 시설「바비칸 센터」입니다. 예를 들어 우에노의 문화회관 혹은 문화지구에 공동주택이 함께한다면 이는 도시 재생에 있어서 하나의 발명이라고 봅니다. 문화를 매개로 공동주택을 슬럼화로부터

「바비칸 에스테이트」(1976)

지키면서 도시를 향해 개방하는 거니까요.

기요노 도시 재생의 키워드로 '문화'를 사용한다. 그야말로 이케부쿠로다운 방식이네요.

구마 '도시 재생에는 문화가 필요하다'는 것이 이번 장의 결론이죠. 그것도 빌려 온 문화가 아닌 그 장소의 사람들에 의해 길러진, 그 땅에서 자란 식물 같은 문화가 필요합니다. 이케부쿠로의 오타쿠적인 문화는 시부야처럼 세련되지 않을지 몰라도, 이케부쿠로라는 땅에서 꿋꿋하게 자란 잡초와도 같습니다. 그리고 지금, 보기 좋은 결과물로 새로운 개발 속에서 꽃을 피우려 하고 있죠. 재개발할 경우, 일반적으로는 임대료가 대폭 상승하여 로우컬처는 쫓겨나고 하이컬처에 치우쳐 흥미를 잃게 되는데 말이죠. 그런 의미에서 이케부쿠로는 정말로 보기 드문 사례입니다.

1) 사카쿠라 준조
　坂倉準三(1901~1969)
일본 모더니즘을 대표하는 건축가. 도쿄제국대학 졸업 후 파리에서 르 코르뷔지에로부터 건축을 배웠다. 마에카와 쿠니오前川國男, 요시무라 준조吉村順三와 함께 설계한 「국제문화회관」을 비롯한 다수의 대표작이 있다. 시부야에는 훗날 도큐백화점 도요코점 서관이 된 「도큐회관」, 「도큐문화회관」 등을 설계했으나 21세기에 들어 시부야 재개발로 철거되었다.

2) 다카라즈카 가극단
　宝塚歌劇団
1914년 창설. 한큐 그룹의 창업자 고바야시 이치조小林一三가 한큐전철 연선 승객 유치를 목적으로 개발한 「다카라즈카 신온천」의 여흥으로 시작되었다. 철도 연선에 고급 주택지를 개발하거나 백화점, 학교 등의 상업 및 문화, 교육 인프라를 정비한 후 가극이라는 소프트웨어까지 결합한 구상은 일본 도시개발 역사상 가장 획기적인 아이디어로 꼽힌다.

3) 이케부쿠로 웨스트게이트 파크
　池袋ウエストゲートパーク
이시다 이라石田衣良가 문예춘추에 1998년부터 연재한 단편 소설 시리즈. 2000년에는 쿠도 칸쿠로宮藤官九郎 각본, 나가세 토모야長瀬智也, 쿠보즈카 요스케窪塚洋介, 카토 아이加藤あい 등이 출연한 드라마로 방영되어 도시의 쿨한 악덕을 그렸다는 점에서도 인기를 끌었다.

4) 스가모 형무소
　鴨プリズン
도쿄 구치소로 사용된 건물. 제2차 세계대전 중에는 사상범 등이 수감되었고 전후 GHQ에 의해 접수되었을 당시에는 도조 히데키東條英機 등 전범의 처형이 이루어진 곳이다.

5) 이케버스
　IKEBUS
「하레자 이케부쿠로」와 「이케부쿠로 니시구치 공원」 등 이케부쿠로 역 동서쪽의 신규 스폿을 순환하는 전기버스로, 2019년 11월 정기 운행을 시작했다. JR 큐슈의 〈나나츠보시 in 큐슈〉로도 유명한 산업 디자이너 미토오카 에이지水戸岡鋭治가 디자인했으며, 빨강과 노랑 두 가지 색상으로 구성된 버스는 회색 도시 속에서 귀엽고 눈에 띄는 존재가 되었다.

6) 하이라인
　High Line
뉴욕 센트럴 철도의 지선이었던 폐선 고가 철도 자리에 조성된 총 길이 2.3km의 공원. 브로드웨이가 보행자 전용 도로가 된 해와 같은 2009년에 오픈하였다. 폐선 철도를 공원으로, 고속도로 자리를 녹지 산책로나 자전거 도로로 정비하는 이른바 '가늘고 긴 산책로'는 세계 도시재생의 트렌드가 되었다.

7) 소멸 가능성
『지방소멸』마스다 히로야 편저, 중공신서, 2014에서는 출산 연령대인 20~39세의 젊은 여성 인구가 2010년부터 2040년 사이에 50% 이하로 감소할 것으로 예측되는 자치단체를 '소멸 가능성 있음'으로 분류했다.

8) 뉴욕 공립 도서관
　New York Public Library
다큐멘터리 영화의 거장 프레더릭 와이즈먼Frederick Wiseman 감독의 『뉴욕 라이브러리에서』는 2017년 베니스국제영화제에서 국제영화비평가연맹상을 수상했으며 2018년에 한국에서 개봉되었다. 상영 시간 3시간 25분의 대작으로 협소한 이미지에 그치지 않는 역동적인 공공 공간으로서의 도서관 모습을 여과 없이 보여준다.

9) 허리케인 조
   あしたのジョー(내일의 조)
카지와라 잇키梶原一騎 시나리오, 치바 테츠야ちばてつや 작화의 복싱 만화. 1968년부터 1973년까지 『주간 소년 매거진』에 연재. 나미다바시涙橋 주인공인 야부키 죠를 권투 선수로 성장시킨 스승 단게 단페피가 권투 클럽을 열었던 장소다.

10) 일본주택공단
    日本住宅公団
1955년 설립 후 1981년에 〈주택/도시정비공단〉, 1999년에 〈도시기반정비공단〉으로 명칭과 역할이 바뀌었으며, 2004년부터는 독립행정법인 〈도시재생기구(UR)〉로 운영되고 있다.

11) 르네상스 in 요코다이
    ルネッサンスin洋光台
UR이 추진하는 〈단지의 미래〉라는 단지 재생 프로젝트의 모델로서, 50년 이상 지나 노후화 및 진부화라는 문제를 안고 있던 「요코다이 단지」를 재생한 프로젝트이다. 요코하마시 이소고구磯子区에 위치한다.

12) 프루이트 아이고 단지
    Pruitt-Igoe Housing Project
과거 슬럼가였던 지역을 철거하고, 일본계 미국인 건축가 미노루 야마사키가 설계했다. 야마사키는 9·11 테러로 붕괴된 「세계무역센터 빌딩」의 설계자로도 유명하다. 초강대국 미국을 상징하는 건축물이었으나 모두 비극적 최후를 맞았다는 점에서 '비운의 건축가'로 불린다. 해당 단지의 철거 장면은 프랜시스 포드 코폴라가 제작에 참여한 문명 비판 영화 『코야니스카시Koyaanisqatsi』에도 등장한다.

13) 알바 알토
    Alvar Aalto(1898~1976)
핀란드 모더니즘을 대표하는 건축가이자 도시계획가, 디자이너. 「파이미오 요양원」, 「헬싱키 공과대학(현 알토대학)」 등 수많은 건축물을 설계했으며, 가구 및 핀란드 디자인 브랜드인 이딸라iittala의 유리 제품 디자인도 맡았다. 근대건축에 북유럽의 자연을 접목해 인간적인 감성을 더한 그의 설계 사상은 21세기 커뮤니티 건축에서도 자주 인용되며 오늘날 일본의 지역 활성화 디자인에서도 하나의 주류로 자리잡고 있다.

14) 브루탈리즘
    Brutalism
전후 모더니즘 건축의 형해화에 대한 비판으로 1950년대 등장한 양식. 이름 그대로 장식을 배제한 무기질적, 기능우선주의적이며 거칠게 처리된 콘크리트 표면이 특징이다. 르 코르뷔지에가 프랑스 리옹에 설계한 「라 투레트 수도원La Tourette」도 그 대표적 사례 중 하나로 꼽힌다.

이케부쿠로 ― 약간의 촌스러움이 최첨단

제6장 줄곧 좋아해온 도쿄

도쿄에서 내쫓긴 1990년대

기요노   이 책의 초반부에서 '어째서 도쿄는 세계 중심 도시가 될 수 있는 기회를 놓쳤는가'라는 커다란 명제를 설정했습니다. 시대를 조금 거슬러 올라가, 구마 씨가 예리한 통찰력을 바탕으로 건축 평론을 통해 세상에 등장한 때는 1980년대는 버블 경제 시기였죠. 그로부터 인지도를 높였고 1991년에는 도쿄의 환상 8호선 주변에 설계한 마츠다의 쇼룸「M2」가 완성되었습니다. 그러나 이 건축물은 건축계나 미디어로부터 혹평과 함께 버블 경제 붕괴와도 겹치면서, 이후 2001년까지 도쿄에서의 일거리는 완전히 사라졌습니다. 지금 생각해보면 믿기 어려운 일입니다.

구마   그렇네요.「M2」에서는 버블 시대의 도쿄가 지닌 카오스를 제 나름대로 번역하여, 유리로 둘러싸인 쿨한 박스 중앙에 이오니아식 거대한 기둥을 관통하는 방식으로 당시 시대의 광기를 강렬하게 풍자하고자 했습니다. 하지만 그 의도는 세상에 전혀 통하지 않았어요. 그 이후 1990년대 전체를 도쿄에서 내쫓긴 채로 보냈네요.

기요노   그야말로 '잃어버린 10년'이군요. 하지만 그 잃어버린 10년이야말로 시니컬한 구마 씨가 도쿄에서 활약했어야 했던 시기가 아닐까요. 구마 씨가 내쫓겼다는 사실은 1980년대

「M2」(1991)

도쿄가 세계 중심 도시로 도약할 기회를 놓친 것과 관련 있지 않을까 싶기도 하고요.

구마 그러나 1990년대 일본 지방에서 다양한 건축 프로젝트를 진행하면서 그곳에서의 풍토와 건축의 관계성에 대해 차분히 공부할 수 있었으니 오히려 도쿄에 없었던 시기는 저에게는 도움이 되었습니다.

기요노 구마 씨가 도쿄에 복귀할 수 있었던 것은 2002년 히가시긴자에 완성된 「ADK 쇼치쿠 스퀘어」부터입니다. 그 이후로 「One 오모테산도」(2003), 「산토리 미술관」(2007), 「네즈 미술관」(2009), 「아사쿠사 문화관광센터」(2012), JP타워의 상업시설 「KITTE」(2012), 「제5기 가부키자 개수 프로젝트」(2012), 그리고 「국립경기장」(2019) 등 도쿄의 상징적인 건축 프로젝트에 잇달아 참여했습니다. 도쿄는 어째서 입장을 바꿔 '돌아온 구마'를 환영했다고 생각하나요?

구마 우연이 계속된 결과이지 않을까요.

기요노 겨우 그것뿐일까요? '언젠가 도쿄에서 복수하고 말겠다'고 불타오른 적은 없었나요?

구마 없었습니다. 예전이나 지금이나 지방에서 일하는 건 무척 재미있는걸요. 일본의 시골과 해외를 이리저리 떠돌아다니는 사이에 친구들도 많이 생겼고, 도쿄가 아닌 장소에서 계속 건축을 만드는 편이 스트레스가 없기도 하고요.

기요노   그런 구마 씨가 도쿄로 돌아오게 된 계기를 굳이 말해보자면요?

구마   도치기현의 「히로시게 미술관」(2000)과 베이징 교외에 지은 「대나무집」(2002) 두 작품을 해외 사람들이 평가해주었고, 그 과정을 지켜본 사람이 도쿄의 프로젝트를 의뢰해 준 게 아닐까요?

기요노   대나무집은 2008년에 영화감독인 장이머우가 제작한 베이징 올림픽 광고 영상 도입부에 사용되면서 전 세계에 소개되었습니다. 구마 씨의 아카이브를 추적해보면 확실히 그 시점부터 도시 건축이 급격히 늘어나고 있음을 알 수 있어요.

구마   역시 해외의 평가가 컸다고 봅니다. 그게 일본으로 전해지면서 '그렇다면 도쿄의 건축도 구마에게 맡겨보자'는 흐름이 생긴 거라고 추측합니다.

기요노   「히로시게 미술관」과 「대나무집」 모두 도심에서 멀리 떨어진, 말하자면 변방의 건축이죠. 그 변방의 건축이 구마 씨를 도시로 되돌렸다는 점이 아이러니하네요. 중심에 집착하는 것이 오히려 위험하다는 증거일까요?

구마   제가 처음 「대나무집」 프로젝트로 베이징에 갔을 때, 중국의 건축은 설계도 시공도 굉장히 낮은 수준이었습니다. 프로젝트를 의뢰한 디벨로퍼 〈SOHO 차이나〉의 젊은 부부도

창업한 지 얼마 안 된 상태라 경험이 부족했고 공무원에게
자주 간섭을 받았죠. 그런 그들은 만리장성 기슭에서 '동시대
아티스트들에 의한 커뮤니티를 만들겠다'는 새로운 비전을
설정하고 세계 각지 현대 건축가 12명을 불러모아
경쟁 방식으로 건축을 만들었습니다. 그중 한 사람으로
제가 초대된 거죠. 예산은 놀라울 만큼 적었고 현지의 시공
수준도 충격적일 정도로 미숙했지만 클라이언트 부부의
말에서 일본에서는 들을 수 없었던 미래를 향한 비전을 느낄
수 있었습니다. 이후 그들은 베이징 중심부의 기존 오피스
빌딩과는 다른 타입의 개발을 잇달아 선보이며 중국 최대의
디벨로퍼 중 하나가 되었죠. 그들은 거대한 흐름 속에서
요동치는 새로운 시대를 이러한 태도로 마주하겠다는 확고한
콘셉트를 갖고 있었으며 때로는 중국 정부를 공개적으로
비판하기도 했죠. 그런 점에서 자극을 받았습니다.

<u>기요노</u>   당시 도쿄에는 그런 전망이 없었나요?

<u>구마</u>   일본 디벨로퍼의 조직 구조는 세련되었지만 소속된
사람들은 기본적으로 샐러리맨이니까요. 리스크를 안고
창업하는 사람이 확실히 강하죠. 개발이란 건 엄청난 돈이
오가고 리스크가 따르기 때문에 그러한 리스크를 짊어질 수
있는 비전을 가진 개인이 아니면 좋은 개발은 불가능합니다.
이후 중국은 알리바바, 텐센트 등 경제 성장의 다이나믹함에

힘입어 젊은 세대의 창업가들이 일제히 부상하며 강력하게 사회를 바꾸어 나갔죠.

테마파크를 만드는 방식에 머무른 도시개발

기요노 2019년 『닛케이 비즈니스 전자판』 인터뷰에서 유니클로 창업자 야나이 다다시 씨는 '일본은 글러먹었다'는 첫 마디를 시작으로 '지난 30년간 일본은 세계 최첨단 국가였지만 이제는 중간 정도의 국가가 되었다'는 거침없는 발언을 쏟아내며 일본의 몰락을 지적했습니다.[1]

구마 야나이 씨가 그런 말을 했다고요?

기요노 그렇습니다. 일본은 정치나 경제 모두 낡은 틀에 갇힌 채 세계의 혁신과는 한참 뒤처져 있다고요. 애초에 자기 같은 70세의 노인이 아직도 기업가의 대표주자로 여겨지는 것 자체가 문제라고도 했습니다.

구마 해외 클라이언트와 일하면서 도무지 부정할 수 없는 일본의 몰락을 더욱 절실히 느낍니다.

기요노 '맞는 말이다', '좋은 지적이다'고 속이 후련해지는 동시에 한편으로는 슬퍼지는걸요. 아직까지 일본에서는 구마 씨를 건축계의 기수라고 부르는 경우도 있잖아요. 무슨 뜻이냐면 '세계적인 건축가, 구마 겐고'와 같은 수식어를 사용하며 브랜드처럼 다루고 있어요. 협업 기획도 많아서 그중엔 '구마 겐고라는 브랜드에 의지하면 어떻게든 되겠지'라는 식의 리스크를 짊어지지 않으려는 태도를 엿볼 수도 있죠.

<u>구마</u>　그럴 수도 있겠네요.

<u>기요노</u>　『신 도시론』에서 구마 씨와 도쿄를 탐방하던 때는 2000년대 초반이었죠. 당시 고이즈미 준이치로 내각의 규제 완화 덕분에 시오도메, 마루노우치, 롯폰기를 시작으로 도쿄 전역에 초고층 재개발 빌딩이 연이어 들어서면서 익숙했던 거리 풍경들이 흔적도 없이 사라져 가던 시기였습니다. 당시에는 「롯폰기 힐즈」 같은 복합적인 대규모 재개발 모델이 지니는 의미를 어디서 찾아야 할지 도무지 모르겠더라고요. 시오도메는 도쿄임에도 불구하고 '이탈리아 거리'가 등장하면서 도쿄는 대체 어디로 향하고 있는 걸까 하는 불안과 분노, 슬픔이 뒤섞인 감정을 느꼈습니다.

<u>구마</u>　2000년대 초반은 도시 재개발에서도 여전히 테마파크 방식에 머물렀던 시기죠.

<u>기요노</u>　런던은 빅벤, 파리는 개선문과 노트르담, 싱가포르는 마리나 베이 샌즈처럼, 세계적인 도시는 한눈에 알 수 있는 상징을 갖고 있죠. 하지만 도쿄는 전선과 전봇대, 회색의 건물들만이 눈에 들어올 뿐입니다. 2012년에는 새로운 상징으로서 「도쿄 스카이트리」가 탄생했지만, 화제성은

둘째치고 형태 자체가 상당히 시시했죠.

도쿄역 건물의 복원과 마루노우치 재개발

기요노　갑자기 이런 말을 하긴 좀 그렇지만, 요즘 들어 다시 도쿄라는 도시가 무척 좋아졌어요.

구마　아니, 갑자기?

기요노　물론 도쿄와 일본에는 해결해야 할 과제가 산더미처럼 쌓여 있고 게다가 코로나 사태까지 겹친 탓에 막다른 골목에 다다른 듯한 느낌이 짙죠. 하지만 그건 어느 나라, 어느 도시나 마찬가지예요. 그런데도 요즘의 도쿄를 다시 걸어보며 2000년대 초반에 구마 씨와 걸었을 때와 비교하면 눈부신 변화를 느낄 수 있습니다.

구마　어떤 점에서요?

기요노　상징적인 도시 경관이 몇 가지 있는데 그중 하나는 「국립경기장」과 그 주변이라고 생각해요. 12년이라는 한 사이클을 지나면서 구마 씨는 외부의 비평자에서 재개발의 당사자가 되었고, 우여곡절 끝에 상징적인 건축의 설계까지 참여했죠. 예전에는 '도쿄는 이래도 되는 건가'라는 식으로 도발하면 충분했지만 이제는 훨씬 무거운 책임을 짊어지게 되었군요.

구마 그런 의미에서 도쿄가 힘을 되찾게 된 계기 중 하나는 역시나 도쿄역의 복원과 마루노우치의 재개발이 아닐까 생각합니다.

기요노 동의해요. 「신마루노우치 빌딩」(2007) 7층의 공용 옥외 테라스에서 한눈에 내려다보이는 마루노우치역 앞 광장의 훤히 트인 듯한 광경은 굉장히 상쾌합니다. 광장에서 곧게 뻗은 교코도리行幸通り는 초고층 빌딩들을 거느리는 동시에 황궁의 해자로 이어지는 조망에는 다른 도시를 압도할 만한 도시의 품격과 현대성이 있죠. 도쿄의 대단함을 누구에게나 자랑하고 싶어지는 대목입니다.

구마 재개발 이전의 「마루노우치 빌딩」(2002), 「신마루노우치 빌딩」은 도쿄 한복판임에도 불구하고 어두운 분위기였죠. 이렇게 표현하기엔 그렇지만 한물간 느낌이 강했잖아요.

기요노 예전에는 미쓰비시의 관계자가 아니면 오지 말라는 식의 배타적인 분위기 탓에 활기란 전혀 찾아볼 수 없는 거리였죠.

구마 재개발을 계기로 미쓰비시라는 기업의 자세가 확연히 바뀌었다는 느낌이 듭니다.

기요노 우선 마루노우치 나카도리仲通り를 상업 거리로 정비하여 활기를 유도한 것이 가장 큰 변화죠. 이 주변을 오테마치大手町,

도쿄역 마루노우치역 앞 광장

마루노우치丸の内, 유라쿠초有楽町를 따서 〈다이마루유大丸有〉라는 새로운 이름을 짓고 〈일반사단법인 오테마치·마루노우치·유라쿠초 지구 마을 만들기 협의회〉를 조직했습니다. 또한 NPO법인 〈다이마루유 지역 매니지먼트 협회〉를 출범하여 건물 단위가 아닌 지역 전체를 매니지먼트하는 마을 만들기의 흐름을 누구보다 빨리 도입했습니다. 2019년 5월에는 단 100시간 동안 나카도리에 잔디를 깔아 브로드웨이처럼 완전한 보행자 전용 공간으로 개방하기도 했죠. 거리를 걷는 사람들이 늘어나면서 주변 가게의 매출 또한 증가하는 등 도시 재생 트렌드를 주도하는 발신지로 자리 잡았죠.

구마   도쿄역 마루노우치역 광장 부근은 번잡하게 꾸미거나 과장하지 않는 점이 좋아요. 2000년대 초반의 분위기에 휩쓸렸다면 저층과 벽돌 구조의 도쿄역을 철거한 후 초고층 타워를 지었어도 이상할 게 없었지만, 그렇게 되었다면 도쿄는 수도의 얼굴을 잃어버렸겠죠. 도쿄역의 복원을 결정한 JR 동일본에게 고마운 일이죠. 동시에 도쿄역의 복원은 저의 은사이며 건축사가인 스즈키 히로유키[2] 선생님이 단호하게 나서 가장 먼저 논의로 이끌어준 점도 결정적이죠. 이후 스즈키 선생님이 돌아가신 이유가 이에 대한 상당한 스트레스였을 거라고 생각하니 마음이 아파지네요.

기요노   신자유주의, 글로벌리즘의 깃발 아래, 역사도 삶도

짓밟으며 진행된 헤이세이 시대(1989~2019)의 재개발에 대한 시민들간의 의문은 상당했을 테죠. 그렇기 때문에 스즈키 선생님이 '도쿄역을 초고층 빌딩으로 만들면 안 된다'며 복원의 의의를 말했을 당시, 그 의견이 폭넓은 지지를 받았던 거라고 생각합니다.

마루노우치 재개발에서는 '공중권의 이전'이라는 도시 개발의 '기발한 묘책'이 고안되었죠. 마루노우치의 대지주인 미쓰비시지쇼는 이 지역 일대를 초고층화하는 과정에서 도쿄역 상공의 미사용 용적률을 공중권으로 간주해 그 일부를 JR 동일본으로부터 사들였습니다. 그 덕분에 JR 측도 도쿄역 복원의 자금을 확보할 수 있었고요. 역사적 건물과 경관을 보존하는 동시에 시민과 자본 모두가 이익을 얻는 방식은 그야말로 도쿄 도시개발의 획기적인 사례입니다.

구마 유럽 도시의 경우, 역사적인 건물의 보존은 수십 년 전부터 해오던 일이지만 스크랩 앤 빌드 방식으로 발전해온 전후의 도쿄에는 그런 의식이 희박했죠. 시오도메의 경우에는 옛 신바시 정차장의 유구遺構가 초고층 빌딩의 그늘 아래에서 안쓰럽게 방치되어 있었죠. 그러다 2010년대에 들어서면서 역사적 건물이나 블록을 형식적인 장치가 아닌 가치 있는 요소로서 도시 디자인에 포함하는 일이 당연하게 여겨지기 시작했습니다.

지진 이후, JR 동일본이 변했다!

__기요노__   그 무렵, 구마 씨가 디자인한 「가부키자」도 완공되었죠. 「가부키자」는 신축이지만 믿기 어려울 정도로 옛 모습이 잘 보존되어 있군요. 게다가 그 뒤편에 세워진 초고층 타워와도 위화감 없이 자연스럽게 어우러져 있어 건축가가 자기주장을 하지 않아도 도시를 재생할 수 있다는 사실을 증명했습니다.

__구마__   요즘 들어 건축가의 자기주장이 도리어 방해가 된다는 의미에서, 드디어 '포스트 포스트모던'의 시대가 찾아온 것 같다는 느낌이 들어요. '포스트 포스트모던'은 보통 '환경'이나 '공생' 같은 세계경제포럼에 어울릴 법한 키워드 혹은 가상 공간론, 디지털 공간론 같은 키워드로 대체되곤 하죠. 그러나 전前근대에 대해 더 깊이 생각해 볼 필요가 있다고 생각합니다. 구체적인 예로는 철도와 지진이죠.

__기요노__   어떤 의미인가요?

__구마__   마루노우치의 경관은, 물론 대지주인 미쓰비시의 여유가 빚어낸 결과라는 측면도 있지만 동일본 대지진 이후에 JR 동일본의 태도가 바뀌었다는 점도 한몫했다고 봅니다. 메이지 시대(1868~1912) 이후 일본의 근대화는 서구에서 찾아온다는 인식이 있었으며, 신바시역은 그런 근대화의

관문으로 존재했죠. 서구를 향한 열망은 전후 공업화 사회에서 동부 태평양 연안과 도카이도東海道-에도와 교토를 잇던 중요한 간선 도로를 일본 열도의 산업 중심축으로 삼는 사고방식으로 발전했고, 이는 우리 모두에게 깊이 각인되어 왔습니다.

한편 도쿄에서 우에노역은 오랫동안 근대적 발전에서 뒤처진 동일본의 종착역일 뿐이었죠. 우에노를 넘어 도쿄역까지의 연결된 도호쿠·조에쓰 신칸센의 노선 연장도 헤이세이 시대에 들어서 이루어졌다는 점도 상징적이고요. 도호쿠 지역일본 혼슈 북동부 지역의 빈곤은 근대 이전부터 일본에 있어 커다란 문제였지만 전후에는 경제 발전을 우선시하고자 그 문제를 계속 억누르고 있었습니다. 하지만 동일본 대지진을 계기로 그 문제를 포함하여 도호쿠에 대한 관심이 집중되기 시작했습니다. 일본 내에서 지진을 계기로 동일본의 포지션이 바뀌었다는 느낌이 들어요.

<u>기요노</u>   그렇군요.

<u>구마</u>   게다가 도호쿠와 간사이의 상극은 일본 역사 전체를 관통하는 커다란 테마라고 생각합니다. 조몬 시대(BC 146세기 ~10세기)에는 도호쿠 쪽이 자연이 풍부하고 문화적으로도 앞선 지역이었지만 벼농사가 도입된 이후로 도호쿠는 쇠퇴하기 시작합니다. 동일본 대지진은 그 흐름의 종착점이라고 할 수 있는 동시에 커다란 반전을 향한 계기라고 봅니다.

일본역사라는 스케일로 동일본 대지진의 의미를 다시 생각해 볼 필요가 있어요.

지역에 뿌리를 둔 회사는 강하다

기요노   미쓰비시지쇼가 마루노우치를 대대적으로 재개발하며 화제성을 모은 반면, 도쿄역 주변에서는 라이벌인 미쓰이부동산의 존재감이 옅어진 시기가 있었습니다. 그러나 도쿄 올림픽의 개최가 결정된 이후, 미쓰이부동산 또한 니혼바시에도 시대의 교통과 상업의 중심지를 거점으로 본격적인 공세에 나섰습니다.

니혼바시는 도쿄 올림픽의 화제와 함께 수도고속도로의 지하화 구상이 제기되었지만, 미쓰이가 그리는 청사진은 이에 수변 공간을 포함하는 광범위한 재생 계획입니다.

2019년까지 구역 내 〈COREDO〉 시리즈의 상업시설을 다섯 채로 확장했고 빌딩 사이에는 도쿠가와 이에야스도 참배했다는 후쿠토쿠 신사의 사당을 신축 복원하여 에도 시대의 정취도 활용하고 있습니다.

구마   에도와 도쿄 역사의 중요한 기반이 되는 니혼바시를 주목한 건 탁월한 선택이네요. 제2차 세계대전 이후 니혼바시는 거대한 상자형 오피스의 입지로서는 애매했기 때문에 이번 기회에 역사와 거리의 힘을 빌린다면 새롭게 거듭날 수 있을 겁니다.

기요노   2019년에 완공된 「CORDEO 무로마치 테라스」는 1층 입구에 설치된 큰 지붕 아래의 오픈 테라스를 통해 상업 빌딩과 거리를 적극적으로 연결하고 있습니다. 그로부터 거리 안쪽으로 발걸음을 옮기면 「일본은행 본점 구관旧館」[3]의 중후한 건축이 시야에 들어옵니다. 메이지 시대의 제국 수도의 위엄과 현대 건축이 사이의 대비에 깜짝 놀라 걸음을 멈추고 말죠.

구마   미쓰이는 〈미드타운〉과 〈라라포트〉라는 브랜드를 바탕으로 롯폰기, 히비야뿐만 아니라 교외 등지에서 여러 사업을 펼친 탓에 거점이 분산된 느낌이었습니다. 하지만 니혼바시를 본거지로 정한 이후로 강한 존재감을 드러내고 있어요. 그런 점에서 자신만의 장소를 가지는 회사의 강점이 확연히 느껴집니다. '장소를 갖는다는 것', '집을 갖는다는 것'은 정말 중요하죠. 단순히 상자가 아닌 장소를 말이죠.

기요노   지역성地元[1]이라는 개념은 세계 도시에 공통적으로 나타나는 21세기의 흐름 중 하나입니다. 영어로는 네이버후드Neighborhood라는 중요한 키워드가 자리 잡았죠.

---

1   지모토地元는 자신이 태어나거나 자란 곳 혹은 생활 기반이 되는 특정 지역을 가리키는 표현이다. '지역성'이 다소 학술적, 추상적, 보편적인 개념이라면 '지모토'는 개인적이고 감각에 더 가깝다.

도쿄에서는 덴노즈에서 「테라다 창고寺田倉庫」가 주도하는 수변의 재개발이 좋은 사례로 꼽힙니다.

구마 덴노즈, 재미있는 곳이죠.

기요노 운하를 따라 늘어선 창고 건물들에는 브루어리 레스토랑이나 베이커리 카페 등이 입점해 있으며, 우드데크가 그런 활기 넘치는 가게들과 수변 공간을 연결합니다. 관광객도 많지만 반려견을 데리고 산책하는 등 도시적 이웃이라는 감각이 확산되고 있어요.

구마 20세기의 부동산 비즈니스는 새로운 곳에 끊임없이 확장하는 것만으로도 수익이 나는 구조였습니다. 그렇다 보니 기업들은 자신의 장소를 가진다는 의식이 희박했죠. 그런 관점에서 미쓰비시는 일종의 전근대적인 성격을 유지했기 때문에 자신의 장소를 명확히 할 수 있었다고 봅니다. 모리 빌딩 역시 「아크 힐즈」(1986), 「롯폰기 힐즈」(2003) 등 도쿄 곳곳을 재개발해 왔지만 지금은 역시나 자신들의 창업지로 돌아와 「토라노몬 힐즈」(2023)건설에 힘을 쏟고 있죠. 모리 빌딩의 창업자인 모리 다이키치로는 니시신바시의 쌀가게 집안에서 태어난 인물로, 신바시와 토라노몬 일대는 그의 고향이기도 하죠.

롯폰기로 연결되는 하치오지와 도호쿠

<u>기요노</u>　도시 재생의 흐름에 대해 한번 정리해보겠습니다.

첫째, 역사적인 건물, 경관, 모티프를 살려낸다.
둘째, 기업도 지역성을 가진다.

첫 번째로 언급한 역사적 모티프라는 관점에서 살펴볼까요? 「도쿄 미드타운 히비야」(2018)는 전신이었던 「산신 빌딩 三信ビル」(1929)이 가진 우아한 아르데코 양식의 엘리베이터 홀까지 통째로 철거하고 말았죠. 당시만 해도 도대체 무슨 짓인가 싶었지만, 새로 지어진 빌딩의 지하 1층 아케이드에 그 모티프가 세련된 형태로 재현되어 있는 걸 보고 안도와 함께 기쁜 마음이 들었습니다.

<u>구마</u>　「미드타운 히비야」는 큰 볼륨 때문에 다루기 힘든 점도 있지만 오래된 것의 힘을 잘 활용하고 있죠.

<u>기요노</u>　사실 제가 가장 좋아하는 도쿄의 풍경은 「미드타운 히비야」에서 바라본 모습입니다. 중층부 6층에서 에스컬레이터를 타고 시네마 콤플렉스가 있는 플로어까지 내려가다 보면 거대한 픽처 윈도우를 통해 히비야 공원[4]의 녹음과 황궁 해자의 수면이 눈앞에 아름답게 펼쳐집니다.

그 풍경을 담아내는 방식이 굉장히 압도적이라 마치 할리우드 영화를 보는 듯한 기분이 들 정도예요. 게다가 보행자 전용 도로로 구성된 지상의 거리에는 직선이 아닌 곡선이라는 유희적인 요소가 있죠. 구마 씨와 함께 걸었던 당시에는 전혀 예상치 못했던 모습이네요.

구마   그건 시간적 차이와 더불어 세대적 차이가 드러나기 시작했기 때문일지도요. 즉 도시 재개발의 의사결정자나 현장 실무자들은 더 이상 콤플렉스를 가지지 않는 새로운 세대가 주도권을 잡게 된 거죠. 고도 경제성장기에는 근대나 서구에 대한 동경을 품은 단카이 세대가 토목과 건축계를 장악하면서 철, 콘크리트, 효율성 등의 요소들을 추켜세웠지만 이제는 도시 재개발을 주도하는 사람들에게 그런 트라우마는 사라졌죠.

기요노   단카이 세대야말로 새로운 것을 좋아하는 신세대가 아닌가요?

구마   안보투쟁 때는 전근대적 사상에 반기를 든 세대지만, 도시에 필요한 것은 사상이 아닌 새로운 미학입니다. 사상은 언어에 의존하기 쉽지만 언어만으로는 도시를 만들 수 없으니까요. 미학이란 사상이 뒷받침되어야만 비로소 사람들에게 강한 감동을 줄 수 있습니다.

기요노   구마 씨는 서문에서 무사와 사무라이가 연마하고 타인에게 강요해 온 '미학'을 강하게 비판했죠. 한편 앞서 언급한 '무사의 미학'과 여기서 말하는 '도시에 필요한 미학'은 다른가요?

구마　자세한 설명이 없으면 오해를 살 수 있겠네요(웃음). 도시에 요구되는 것은 경제에 기반한 새로운 미학입니다. 인간의 행위에 '경제'를 반영하는 것은 굉장히 중요하다고 생각합니다. 왜냐하면 경제는 밑으로부터의 변화이고, 시대를 선취하기 때문에 움직임이 빠릅니다. 서문에서 말한 '무사의 미학'이란, 건축계로 말하자면 건축만을 최우선으로 여기는 쇼와 시대(1926~1989)의 사고방식과, 경제의 흐름을 반영하지 않은 채 내부에 존재하는 '권위적 시선'에 집착하는 태도입니다. 건축은 쉽게 옮길 수 없는 물체이기 때문에 움직임은 아무래도 둔해지기 마련이죠. 그래서 관계자들이 의식을 갈고 닦지 않는다면 과거에 끌려다니며 시대에 뒤처지고 말 겁니다.

기요노　즉 도시에 필요한 미학이란 경제와 함께 존재하는 것으로, 경제라는 단어 속에는 '움직이는 것', '변해가는 것', '변화하는 것'이라는 의미가 담겨 있다는 말일까요?

구마　그렇습니다. 여기에는 제가 추구하는 '건축의 유동성' 과도 모순 없이 연결되죠. 이러한 미학이 몸에 익숙해지기까지 세 세대의 시간이 필요합니다.

기요노　앞에서도 '멋들어진 서체로 매각을 적는 삼 대째'라는 속담을 언급했었죠.

구마   맞아요. 초대는 고도성장을 이끈 쇼와 히토케타昭和一桁 세대쇼와 연호 한자리(히토케타)에 출생하여 대공황과 전쟁기를 겪은 세대, 다음은 단카이 세대죠. 그리고 그다음의 세대가 되어서야 비로소 근대 서구라는 굴레에서 벗어난 미학을 만들 수 있었던 게 아닐까요.

기요노   단카이와 그다음 세대 사이에는 구마 씨와 제가 포함되는, 이른바 시라케しらけ 세대학생운동이 좌절된 후 정치와 사회에 무관심하고 냉소적인 태도(시라케)를 보인 세대가 있네요.

구마   저는 1954년생입니다만, 제 이후의 모두를 삼 대째, 즉 탈脫콤플렉스 세대에 포함시키면 되지 않을까요?

기요노   단카이 주니어나 밀레니얼 세대를 다 묶어서요?

구마   그렇죠. 우리 세대부터는 모두가 포스트 단카이 세대인 거죠.

기요노   뭔가 젊은 사람들에게 미안한 마음이 들지만….

구마   유밍이 등장하면서 일본인의 미학은 순식간에 도시적으로 변했죠. 유밍과 저는 동갑이니까 틀림없어요(웃음). 그러고 보니 유밍의 본가는 하치오지도쿄 서쪽 외곽에 위치한 대표적인 베드타운라는 굉장히 현실감이 있는 지역이죠. 또한 키워준 어머니나 다름없던 가정부는 야마가타 출신으로서 유밍을 굉장히 아꼈다고 해요. 이처럼 유밍에게는 하치오지와 도호쿠라는 강한 뿌리가 있었기 때문에 멋진 도시로서의 롯폰기를 발견할 수 있었던 거죠.

기요노   그렇다면 시대의 흐름을 이야기하는 세 번째 키워드는 '세대교체'라고 정리해도 될까요?

구마   거기에 더하여 동일본 대지진 이후의 도호쿠, 즉 동일본이라는 존재에 진지하게 마주하려는 사고가 등장한 것도 빼먹을 수 없습니다.

기요노   그럼 다시 한번 시대의 흐름을 정리해보죠.

    첫째, 역사.
    둘째, 지역.
    셋째, 세대교체.
    넷째, 동일본의 재조명.

가만 보니 근대 지향의 서구 중심과는 다른 방향성이 생겨났네요. 최근 도쿄에서는 센트럴 이스트라고 불리는 주오구, 지요다구, 다이토구, 스미다구의 재발견이 있으며, 더 나아가 아다치구의 기타센주, 기타구의 아카바네가 도시적이고 살기 좋은 노스 north 지역으로 주목받고 있습니다.

구마   도쿄라는 도시의 무대는 미나토구만이 아닌 범위가 확장되는 점이 매력적이죠. 저는 2017년에 기타구에 있는 오래된 목조 주택을 외국인 유학생용 셰어하우스인

「오지 셰어하우스王子シェアハウス」(2017)로 리노베이션하였습니다. 기타구의 오지 주변은 시부사와 에이이치다이쇼 시대 초기 일본 관료이자 기업인와도 인연이 있는 아스카야마 공원도쿠가와 요시무네가 조성한 벚꽃 명소로 시부사와 에이이치는 이곳에 저택을 짓고 거주했다과 더불어 문화적인 향취가 느껴지는 곳으로, 장소의 힘을 다시금 실감한 계기가 되었습니다.

<u>기요노</u> 센트럴 이스트 지역의 아사쿠사, 구라마에, 오시아게, 기요스미시라카와 부근에서는 오래된 건물을 상업 공간으로 재생하는 리노베이션이 활발하죠.

<u>구마</u> 오시아게에서 「ONE@Tokyo」(2017)라는 호텔을 맡은 적이 있습니다. 엄밀히 말하자면, 이미 다른 설계도를 바탕으로 공사가 진행 중이던 호텔을 인수한 홍콩의 클라이언트로부터 요청이 들어왔기 때문에 리노베이션이라고 할 수는 없지만요. 그렇지만 리노베이션과 비슷한 재미를 느낄 수 있었던 프로젝트였습니다. 시간이 겹치는 재미라고도 말할 수 있겠네요. 제약이 따르는 건물은 오히려 자유롭지 않은 점이 재밌습니다.

<u>기요노</u> '시간'과 '상황'을 겹쳐가는 재미군요. 예를 들어 아사쿠사에는 구마 씨의 다음 세대 건축가 중 한 사람인 히라타 아키히사(1971~) 씨가 설계한 「9H nine hours」 (2018)라는 전위적인 캡슐 호텔이 등장했습니다. 캡슐이라는

건축적 형태는, 고도 경제성장 시대에 구로카와 기쇼 씨가 주장한 메타볼리즘과도 이어지죠. 앞서 언급했지만 건축을 도시의 세포로 바라보고, 세포가 신진대사하는 방식을 건축에도 부여한다는 발상은, 지금 돌이켜보면 에코 시대를 미리 내다본 것이기도 하죠.

구마 구로카와 씨의 건축은 철과 콘크리트 덩어리라서 전혀 에코하지 않지만요(웃음). 그렇지만 구로카와 씨의 대표작 중 하나인 「나카긴 캡슐 타워」(1972)[5]는 그 사상을 멋지게 구현한 작품이죠. 쇼와 시대의 빈티지를 상징하는 「나카긴 캡슐 타워」가 지금도 긴자 외곽에 남아있다는 점 노후화, 석면 문제, 내진 성능의 한계, 높은 유지비용 등의 요인으로 2022년에 완전히 해체되었으며, 총 23개의 캡슐이 미술관 및 전시 공간에서 재활용되고 있다에서, 메타볼리즘이라는 사상 자체는 그만큼 수명이 길다고 볼 수 있습니다. 히라타 씨 세대의 건축가가 고도성장기의 유산을 부정하지 않고 오히려 새롭게 디자인하고 있다는 점은 일종의 사상의 리노베이션이네요. 캡슐 호텔이라는 독특한 형태를 일본에서만 볼 수 있다는 점도 흥미롭고요.

본인이 직접 클라이언트가 되면 된다

기요노 구로카와 씨의 이름이 등장했으니, 여기서 전후 일본

건축가의 계보를 출생연도를 기준으로 간단히 정리해보고자
합니다. 먼저 단게 겐조(1913~2005)가 1세대 건축가,
마키 후미히코(1928~2024), 이소자키 아라타(1931~2022),
구로카와 기쇼(1934~2007)가 2세대, 안도 다다오(1941~),
이토 도요(1941~), 야마모토 리켄(1945~) 등이 3세대.
그 뒤를 이어 나이토 히로시(1950~), 구마 겐고(1954~),
세지마 가즈요(1956~), 아오키 준(1956~), 시게루 반(1957~)
등이 4세대, 그리고 1970년대 생인 후지모토 소우스케
(1971~), 히라타 아키히사(1971~), 이시가미 준야(1974~),
나카무라 히로시(1974~), 타네 츠요시(1979~) 등이
그 계보를 잇고 있습니다. 물론 여기서 언급하지 않았지만
굉장한 활약을 하는 분도 많죠.

구마 마키 씨와 구로카와 씨의 2세대까지만 해도
고도경제성장의 혜택 속에서 20세기형 '건축가식 보드 게임'에
올라타는 것만으로도 충분했죠. 처음에는 본가나 친척의
집 같은 소규모 주택을 설계해서 자신의 개성을 어필하고,
그다음에는 소규모 미술관, 이어서 조금 더 큰 문화시설,
그리고 더 큰 공공시설…. 이런 식으로 주사위를 굴려나가면
충분했죠. 그러나 안도 씨의 3세대부터는 국내 수요가 이미
포화 상태가 되었고 그 안정적인 궤도가 흔들리기 시작합니다.
그리고 우리 세대가 되면서 더 이상 국내 시장만으로는

일이 순조롭게 돌아가지 못했고요. 저는 버블 붕괴 이후인 1990년대에 이를 뼈저리게 실감했습니다. 저의 다음 세대 건축가들은 저보다도 축소된 시장에서 싸워야 하다 보니 더욱 치열한 전략성이 요구됩니다.

기요노   그러고 보면 구마 씨의 다음 세대 건축가들 가운데 도쿄의 대형 프로젝트를 맡은 사례는 찾아보기 어렵네요. 구마 씨의 설계사무소 출신인 나카무라 히로시(1974~) 씨는 도쿄 한복판의 「도큐 플라자 오모테산도/하라주쿠」(2012)라는 상업시설의 설계를 담당했습니다.

구마   나카무라 군은 열심히 하고 있죠. 그러고 보니 1세대와 2세대의 대선배들 가운데는 상업시설을 건축 계층구조의 바깥에 두는 듯한, 위에서 내려다보는 권위적인 시선도 존재했었습니다. 하지만 생존 전략으로 본다면 상업시설은 하나의 방향성이 되기도 합니다. 한편 미학을 날카롭게 다듬어 인스타 감성으로 승부 보려는 제 다음 세대들의 마음도 이해되지만, 여전히 미디어에 의존하려는 느낌을 지울 수 없네요. 저는 미학을 끝까지 파고드는 것에 반대되는 '현장감이 있는 것', '촌스러운 것'에 커다란 가능성을 느낍니다.

기요노   예를 들면 어떤 움직임인가요?

구마   미야자키 미츠요시宮崎晃吉(1982~) 군은 야나카, 네즈,

센다기 일대를 일컫는 '야네센 지역'에서 「hanare」를 운영하고 있습니다. 「hanare」는 이탈리아에서 주목받는 '알베르고 디푸소', 즉 분산형 숙박 시설의 도쿄 버전이라고 볼 수 있습니다. 시타마치下町-옛날부터 이어져 내려오는 서민 생활의 정취가 남아 있는 지역에 흩어진 부동산을 하나의 리셉션, 다른 하나는 객실로 분산하는 방식으로 투숙객이 마을 전체를 체험할 수 있도록 설계하였습니다. 리셉션은 50년이 넘은 목조 아파트를 야마자키 군이 직접 리노베이션해서 만든 「HAGISO」(2013)라는 건물에 있으며, 그곳의 조식은 1층 카페에서 먹거나, 욕실은 근처의 목욕탕을 이용한다는 점이 흥미롭죠. 이처럼 비즈니스 환경을 설계하면서, 건축을 디자인하고, 직접 리스크를 감수하며 비즈니스를 실제로 운영해 나가는 건축이 더 많아지길 바랍니다.

기요노 클라이언트 아래에 건축가가 존재하는 수직적 구조가 아닌 본인이 직접 만드는 새로운 수평적 구조 말인가요?

구마 맞아요. 본인이 직접 리스크를 떠안고 건축과 마주하면서 건축과 사회 사이에 새로운 관계를 만드는 겁니다. 미학적으로 뛰어난 건축을 추구할수록 부유한 클라이언트에게 고용될 뿐이며, 세련된 디자인일수록 사회적 요구와 단절되어 배타적으로 변해갑니다. 젊은 나이에 유명세를 얻는 사람일수록 오히려 기존 시스템에 흡수돼 버리는 덫이 건축에는 존재하거든요.

기요노   결국 창조성과 반대되는 방향으로 나아가겠군요.

구마   클라이언트가 없다면 본인이 클라이언트가 되면 됩니다. 직접 행동을 일으킬 필요가 있죠. 언뜻 시대의 흐름과는 동떨어져 보이는 사람들 속에서 도시를 바꾸는 이들이 등장하고 있어요. 지금은 그런 시대입니다. 건축가를 꿈꾼다면 자신의 이름을 알리는 작업이 아닌 본인이 즐겁다고 느끼는 일에 발을 들이는 것이 좋습니다. 이처럼 건축가의 의식은 생생하게 살아 있는 사회를 향해야 한다고 생각합니다.

기요노   현재의 도쿄를 둘러보며 구마 씨와 대화하는 흐름 가운데, 처음에는 그 단서가 국립경기장이나 시부야의 재개발, 다카나와 게이트웨이역 등 구마 씨가 참여한 21세기 도쿄의 '거대한 건축'에 있을 거라 생각했어요. 그러나 정작 구마 씨의 대답은 셰어하우스, 트레일러, 야키토리집, 판잣집 형태의 목조 아파트, 단지 등 '작은 것'과 '귀여운 것' 투성이네요.

구마   당사자로서 직접 참여하고 있는 건축을 예시로 삼아, 이런 곳에 도쿄의 가능성이 있다고 이야기하고 싶었습니다.

기요노   작은 건축은 물론, 국내외에서의 대규모 건축을 모순 없이 병행하고 있다는 점이야말로 구마 씨의 대단한 점이죠.

구마   저 또한 클라이언트가 존재하고, 거기에 건축가가 기용되는 20세기형 수직적 관계 속에서 단련되어 왔기 때문에 커다란 건축만이 할 수 있는 일 자체를 부정하진 않습니다. 한편 어떻게 해야 그 고정된 시스템에서 벗어나 자유로워질 수 있을까를 계속해서 추구해 왔죠. 그 결과, 제가 좋아하는 건축을 드디어 손에 넣을 수 있게 되었네요.

<u>기요노</u> 2020년에 도쿄대학 교수직의 정년을 맞이했다고는 도무지 믿기지 않는 청년다운 모습이네요. 다만 건축가의 세계는 마치 정치와도 비슷해서 젊은 건축가라고 불려도 실제로는 40대인 경우가 적지 않죠.

<u>구마</u> 일정 수준의 상자를 만들기까지 시간이 걸리는 직업이다 보니 일종의 '노인 비즈니스' 같은 면도 있죠(웃음).

<u>기요노</u> '100세 시대'로 불리는 이 시대에 딱 들어맞는 직업이네요.

<u>구마</u> 그렇죠. '100세 비즈니스'를 목표로 하면 됩니다. 저의 대학 동기 중에는 동네에서 건축사무소를 운영하면서도 지역과 밀접한 관계를 맺으며 애써 수고스러운 작업을 하는 사람들이 꽤나 많아요. 앞에서도 언급한 「미나미이케부쿠로 공원」의 설계를 맡았던 규마 쓰네오久間常生 군도 그중 한 명입니다. 게다가 가구라자카에서 〈멋스러운 마을 만들기 모임粋なまちづくり倶楽部〉이라는 NPO를 운영하는 야마시타 카오루山下馨 군도 있습니다. 가구라자카에 위치한 칠기점 집안에서 나고 자란 그는, 고향이라는 현장 속에 깊이 몸담으며 살고 있죠.

제6장

르 코르뷔지에의 건축 같은 케이크

기요노 이쯤 되니 시대의 흐름, 그 다섯 번째가 떠오르는군요. 그것은 바로 동네町場입니다.

다섯째: 동네町場2

동네 건축가라는 단어를 떠올려보면, 동일본 대지진 이후 가나가와현 해안가 지역인 가마쿠라鎌倉, 즈시逗子, 하야마葉山 일대에서 활발히 일어났던 움직임이 생각나네요. 구마 씨는 동일본 대지진을 계기로 일본인은 도호쿠 지역을 재발견했다고 말했죠. 저 또한 도쿄 근거리인 이 지역을 예전부터 주시해왔으며 야네센을 본떠 가마즈요鎌逗葉라고 부르고 있습니다.[6]

구마 그곳에는 어떤 활동들이 있었나요?

기요노 예를 들어 가마쿠라역 서쪽 출구에 있는 오나리도리 상점가는 동쪽 출구인 고마치도리에 비해 관광객이 적은 곳으로, 지역 주민들이 드나들 법한 가게들이 줄지어 있습니다. 그 오나리도리의 골목길에 있는 「The Good Goodies」라는 커피 스탠드의 점주인 우치노 요헤이内野陽平(1987~)

---

2 마치바町場는 농촌과 대비되는 개념으로 도심 속 생활권, 시장, 상점가가 발달한 구역을 뜻한다. '동네'로 번역했으나 단순한 주거지를 넘어 상업과 교류가 중심이 되는 도시적 공간이라는 뉘앙스를 내포한다.

씨는 대학에서 건축을 전공한 사람입니다. 예전만 해도 크고 작은 규모의 설계사무소, 종합건설사 혹은 아틀리에 계열의 설계사무소에 취직하는 등 건축학과를 졸업한 사람이라면 회사에 소속되어 건축 일을 하는 것이 보통이었죠.

구마   아틀리에 계열로 독립하는 무모한 선택지도 있었죠.

기요노   구마 씨처럼 말이죠. 아무튼 우치노 씨에게 건축이란, 회사에서 설계도면을 그리는 일이 아닌 동네에서 커피를 내리는 행위죠. 예전에는 아담한 음식점이었던 세로로 긴 공간을 카운터식 스탠드바로 바꿀 때, 인테리어는 물론 커피를 능숙하게 내리기 위한 장치를 스스로 설계하여 제작했다고 합니다. 이곳에서 커피를 마시고 있으면 동네에서 거주하는 사람, 일하는 사람, 관광객 등 다양한 사람들이 찾아와 인사하고 대화를 나누는 모습을 볼 수 있어요. 마치 지역 커뮤니티의 거점 역할을 하고 있는데, 이것이 바로 우치노 씨가 의도한 바였다고 합니다.

구마   커뮤니티의 출발점은 '지역성'과 연결되는 중요한 키워드죠.

기요노   「The Good Goodies」에서는 레몬 케이크, 당근 케이크 같은 매혹적인 아메리칸 스타일의 케이크도 판매하고 있는데요, 이 케이크를 만드는 사람은 「POMPON CAKES」의 다테미치 레오立道嶺央(1983~) 씨입니다. 그 또한 건축학과 출신으로 졸업 후에는 초가지붕 장인의 제자로 들어가 중요문화재를 보수하며 일본 각지를 떠도는 '여행하는 목수'로서의 삶을 살았다고 합니다. 20대 후반에 가마쿠라로 돌아왔을 때는 '앞으로 평범한 직장이란 없다'라는 각오를 다지고 건축을 통한 표현 활동을 고민했죠. 바로 그때, 노상을 무대로 케이크를 파는 '케이크 행상'이라는 아이디어가 떠올랐나 봐요. 건축이란 단순히 상자를 만드는 일이 아닌 도로라는 공공 공간을 활용하는 행위일 수도 있지 않을까 하고 말이죠. 이것이 구마 씨가 말한 '유동하는 건축' 그 자체가 아닐까요?

구마 그렇죠. 노상 판매란 거리와 비즈니스가 연결되는 일이니 상당히 흥미롭고 미래적인 가능성이 느껴집니다.

기요노 그는 가마쿠라에서 과자 교실을 운영하던 어머니로부터 케이크를 만드는 법을 배웠으며 지금은 어머니와 함께 가게를 운영하고 있습니다.

구마 케이크와 건축은 전혀 무관한 것처럼 보이지만 케이크를 하나의 구조물로 보면 납득이 가는 이야기네요.

기요노 케이크 시트를 이상적으로 만들기 위해서는 치밀한 분량 계산과 순서가 필요하죠. 결국 제과란 화학 반응의 산물이기 때문에 그런 점에서 매우 구조적이네요. 가마쿠라가 아닌 도쿄 시내에서 아주 스타일리시한 조형의 케이크를 본 적이 있습니다. 누가 만들었느냐고 물어보니 건축가 출신의 여성 파티시에라고 하기에 바로 납득할 수 있었죠. 르 코르뷔지에의 건축 같은 케이크였어요.

구마 저도 한번 먹어보고 싶네요.

기요노 다테미치 씨는 본인이 직접 개조한 화물 자전거에 케이크를 실어 가마쿠라 시내에서 판매하기 시작했습니다. '오늘은 어디로 갑니다'라고 SNS에 알리면 웨이팅이 시작되고 금방 매진됩니다. 구매자들은 케이크를 좋아하는 여성뿐만 아니라 퇴근길의 회사원들도 있어 가마쿠라에 사는 다양한 사람들과 대화를 나눌 수 있었다고 해요.

구마 케이크를 파는 일이 필드워크에 연결되는 거군요.

기요노 필드워크라는 말이 딱 들어맞네요. 이후에는 가마쿠라 중심부에서 조금 떨어진 가지와라라는 주택가에 두 점포를 오픈하니 인근 지역이 활성화되면서, 그 일대가 마치 뉴욕의 브루클린 같은 분위기로 변했습니다.

구마 건축을 공부하는 학생들은 건축 잡지를 들여다보는 일에 그치지 않고 이런 생생한 사례들을 더 많이 접하면 좋을 것 같네요.

제6장

초고층 건물이 없는 도시에서 태어나는
새로운 워크 앤 라이프

기요노   즈시의 고쓰보에 있는「미나미초 테라스南町テラス」 (2012)도 그야말로 새로운 건축적 행위의 훌륭한 사례입니다. 대학에서 커뮤니티론을 가르치는 건축가 히다카 진日高仁 씨는 40년이 넘은 목조 주택을 자택 겸 아틀리에로 운영하며 가족과 함께 거주하고 있습니다. 가파른 언덕길 중간에 위치해 교통편은 좋지 않지만, 아담한 고쓰보의 바닷가를 조망할 수 있을 만큼 훌륭한 경관을 자랑하죠.
주말 오후에는 카페로 운영하며 지역 안팎의 사람들이 휴식을 취하며 교류하는 마치노에키7)로서의 기능을 더했죠.
카페 운영은 아내 분이 맡고 있으며 수제 빵과 지역산 해산물, 채소를 사용한 가정식 런치가 가장 인기입니다. 그러고 보니 히다카 씨도 도쿄대학의 하라 히로시 연구실 출신이에요.

구마   하라 연구실 후배라니, 분명 괴짜일 겁니다(웃음). 그나저나 대학에서 건축을 전공한다는 건 상당한 지적 훈련을 요구하며, 사회의 구조나 시스템을 배우는 과정이기도 하죠. 그렇게 단련된 이들이 커뮤니티 안에서 기존의 건축과는 다른 활동을 한다는 건 굉장히 중요한 일입니다.

기요노   히다카 씨는 한때 수도권 스마트시티 개발에도

즈시의 「미나미쵸 테라스南町テラス」에서 본 풍경

참여했지만 결국에는 초고층 빌딩을 짓는 일만 반복할 뿐이었죠. 이것만으로는 축소 사회에 대응할 수 없다는 뼈아픈 현실을 깨달았다고 합니다.

구마 지적인 훈련을 받은 사람일수록 지금 시대에는 '지역성'이 중요하다고 생각하는 법이죠.

기요노 구마 씨는 학생을 가르치면서 커뮤니티라는 방향성을 느꼈나요?

구마 오히려 학생들 사이에서는 커뮤니티가 주류라고 해도 무방합니다. 애초에 제 세대부터 건축을 공부하고도 건축과 관계없는 일을 하는 흐름은 있었죠. 예를 들어 1980년대에는 건축과를 졸업한 후에 은행이나 상사에 취업하는 문과 취업이 유행이었죠.

기요노 그건 단순히 은행이나 상사의 연봉이 더 높았기 때문 아닐까요?

구마 그렇죠. 1980년대의 문과 취업은 급여가 좋다는 속물적인 동기가 있었죠. 하지만 최근의 문과 취업은 '만족감'이나 '사회적 기여'라는 좀 더 추상적인 동기로 변하면서 일의 폭도 더욱 넓어지고 있습니다.

기요노 특히 밀레니얼 세대에서 흔히 볼 수 있는 가치관이네요. 밀레니얼 세대는 1982년 이후에 태어나 IT에 친숙한 20~30대를 말하죠. 그 세대의 기업가 중 한 명인 나카 아키코仲暁子 씨에 따르면 밀레니얼 세대는 '소유보다는 접근성', '가성비 중시', '정치적 올바름', '건강'에 관심이 있고 '공유 경제', '마인드풀니스Mindfulness', 'LGBT' 같은 키워드를 자주 사용한다는 특징이 있다고 합니다.[3]

구마　맞아요. '살아가는 방식', '일하는 방식', '어딘가에 소속되는 방식'에 대한 가치관이 전부 바뀌고 있죠. 문과 계열인 은행에 취업한 제자 중 한 명은 일이 재미없다는 이유로 제 사무실로 이직하기도 했죠. '급여가 몇 분의 일로 줄어들 텐데 괜찮겠어?'라고 단단히 못을 박았는데도 좋다고 하더군요. 결국 손을 움직이는 일, 생생함이 전달되는 일로 돌아가고 싶어하는 증거죠.

기요노　요즘 20대는 대기업에 입사해도 2년쯤 지나면 미련 없이 퇴사하고 소규모 스타트업으로 이직합니다. 옛 세대의 대기업 직원이라면 깜짝 놀랄 만한 이야기지만 유능한 젊은이일수록 거리낌 없이 대기업 브랜드를 내려놓죠. 그들은 20년 뒤의 안정보다 '지금 당장 내가 하고 싶은 일을 할 수 있는 직장'을 선호해요. 일하는 방식의 개혁이라는 흐름 속에서 유연근무, 원격근무, 부업 장려 등 예전이라면 상상할 수 없었던 일하는 방식들이 점점 당연해지고 있습니다.

구마　피폐해진 일본의 낡아빠진 종신고용제에 대한

---

[3]　(『ミレニアル起業家の新モノづくり論』仲暁子著, 光文社新書, 二〇一七年).

적절한 처방이네요.

기요노　히다카 진 씨가 리노베이션한 가마쿠라역 앞 목조 가옥에서 젤라토 가게를 운영하는 30대 부부가 있습니다. 이들은 외국계 회계법인에서 일한 공인회계사로, 애초에 종신 고용을 바라진 않고 일정 기간 일하고 난 뒤에 세계여행을 떠나기로 결심했다고 합니다. 그렇게 계획대로 입사 8년 후에 여행을 떠난 이탈리아에서 눈이 휘둥그레질 만큼 맛있는 젤라토를 접한 그들은 현지의 젤라토 학교가 주최하는 강좌를 다니며 제조법부터 점포 운영까지 배운 후에 귀국하여 젤라토 가게를 시작한 거죠.

구마　실행력과 결단력에서 젊음의 힘이 느껴지네요. 특히 기존의 시스템에 휘둘리지 않는 모습이 말이죠. 그런 사람들이 새롭게 일을 시작할 때는 가마구라 주변의 가마즈요 같은 동네의 스케일이 적당하죠. 도쿄라면 주오선이 비슷하겠네요.

기요노　초고층 타워가 없는 동네로는 기치조지의 하모니카 요코초가 떠오르네요. 거대한 건축이 물리적으로 존재하지 않는 곳에서 새로운 워크=라이프[8]가 태어나니까요. 도쿄에서도 주오선 근처에 국한되지 않고 고층빌딩 사이로 존재하는 일부 도심에서도 작은 가게를 시작하려는 다양한 움직임이 일어나고 있습니다. 그렇기 때문에 '자신만의 가게나 공간을 갖는 것' 역시 시대의 흐름이라고 할 수 있죠.

여섯째, 자신만의 가게나 공간을 갖는다.

도쿄가 성숙해진 계기가 된
코로나바이러스

기요노　구마 씨의 주장처럼 건물의 1층은 거리의 일부입니다. 이를 가로수로 삼아 로컬 카페처럼 개인이 가게를 열 수 있도록 한다면 초고층이나 회색빛의 건물이 줄지어 선 도쿄의 거리가 상당히 재미있어질 텐데요. 1층에 친밀감이 깃들면 거대한 건물에서 느껴지는 압박감도 상당히 줄어들 거고요. 예를 들어 새로 설계한 「다카나와 게이트웨이역」건물 앞에 프랜차이즈 가게만이 늘어선다면 거리는 매력을 갖지 못할 테죠.

구마　맞아요. 예전만 하더라도 「다카나와 게이트웨이역」 주변은 JR 철도가 바다 쪽의 도쿄만과 야마노테의 주택가를 완전히 분단하고 있었어요. 그 분단을 다시 이을 수 있는 디자인은 무엇일까, 주택가와 바다를 어떻게 연결해야 걷기 좋은 도시가 될 수 있을까를 열심히 고민했죠.

기요노　건축계에 종사하는 한 여성이 도시 속 1층에 대한 흥미로운 활동을 했습니다. 건축 프로듀스 회사 〈그랜드레벨

グランドレベル〉의 대표인 다나카 모토코田中元子(1975~) 씨는 의대에 합격했음에도 그 길을 접고 건축을 독학한 독특한 사람입니다. 그녀의 건축적 행위란 자신이 만든 포장마차를 끌고 다니며 행인들에게 무료로 커피를 대접하는 것입니다. 앞서 이야기했던 가마쿠라의 「Pompon Cakes」와 통하는 면도 있고, 포장마차라는 이동 가능한 구조물을 건축으로 간주한다는 점에서 구마 씨의 트레일러와도 닮은 면이 있을지도요.

구마 너무 좋은데요?

기요노 2018년에는 모리시타의 공장들이 모여 있는 장소에 코인세탁소를 병설한 「찻집 런드리喫茶ランドリー」라는 이름의 가게가 오픈했습니다. 세탁소와 카페가 결합한 형태는 유럽의 도시개발에서 태동한 새로운 흐름으로, 베를린의 코인세탁소 회사는 2017년에 도쿄 메구로구에 있는 세련된 1호점을 열었죠. 현재는 일상부터 트렌디한 형태까지 폭넓게 도심에서 교외까지 확산되고 있어요. 초기 투자는 필요하지만 카페보다 방문 동기를 높일 수 있어 새로운 비즈니스 모델로 주목받고 있고요.

구마 모리시타는 기요스미시라카와 옆이죠. 제가 무척 좋아하는 라이트 인더스트리 지역인데다 세탁소라니, 훌륭하네요.

기요노 파트너인 건축가 오오니시 마사키大西正紀 씨와 운영하는 근처의 사무실에서 함께 일하고 있습니다. 다림질 용품이 있는 가사실과 큰 테이블 좌석을 마련해 둔 가게에는 엄마와 아이들, 인근의 정정한 노인들, 점심시간의 직장인, 관광객 등 다양한 사람들이 방문합니다. 다나카 씨는 이곳을 인근 주민들을 위한 '사적인 공민관'이라고 부르며 '1층은 공공이며, 1층 만들기는 도시 만들기다'라는 슬로건을 내걸고 있어요.

구마 직접 행동으로 옮기는 사람의 이야기를 들으니 현장감이 살아나네요.

기요노 단게 겐조 이후, 건축의 주류는 여성 혹은 여성적인 요소를 배제하며 발전해왔습니다. 하지만 커뮤니티라는 새로운 키워드가 등장한 덕분에 여성 건축가들의 활약이 두드러지고 있어요. 예를 들어 나루세 유리成瀨友梨(1979~) 씨는 일찍이 '공유', '공통'을 하나의 테마로 삼아 자신의 작업을 알리고 있죠.

구마 여성은 물론, 실력 있는 젊은이들이 많이 등장하는 모습은 바람직한 흐름입니다. 실제로도 건축가의 모습은 다층화되었고요. 본래 다양한 직능의 사람들이 다층적으로 만들어 온 도쿄라는 도시는 여러 잠재력을 가진 장소였습니다. 그러나 고도경제 성장기에는 그 잠재력들이 낡아빠진 대기업 문화에 모두 억눌려 있었죠. 경제가 나빠지면서 억눌려온 것들이 해방되기 시작했고, 본래의 다층적인 면모가 조금씩 되살아나고 있다고 느낍니다. 저는 특정의 사람이 돋보이는 방식보다 전체적인 분위기가 더욱 바뀌어야 된다고 생각합니다. 그렇기 때문에 앞으로의 건축가들은 눈에 띄는 일이 아니라 매일이 즐겁다고 느낄 수 있는 일을 실천하길 바랍니다.

<u>기요노</u>　확실히 도쿄는 경관이나 활약하는 플레이어도 다층화되고 있지만 아직은 진행 중인 상황이죠. 각 스팟과 지역의 완성도 또한 갈수록 높아지고 있지만 전체 경관의 이미지는 여전히 평면적이며 회색빛이고요. 게다가 특집으로 도쿄를 다루는 세련된 잡지의 표지를 보더라도 도쿄의 풍경은 여전히 지저분하죠.

<u>구마</u>　만약 기요노 씨가 유럽 도시의 경관을 기준으로 삼고 있다면 그건 성급한 논의에 빠질 위험이 있어요. 왜냐하면 파리나 런던 같은 도시 경관은 20세기 이전부터 형성된 것이니까요. 도시가 건설되던 당시에는 건축 기술이 제한되었기 때문에 거리 경관이 자연스럽게 통일되었죠. 게다가 20세기라는 혼란의 시대의 산물인 도쿄를 단순히 비교하기란 무리가 있죠.

<u>기요노</u>　서구 도시들이 지니는 이점은 잘 알고 있어요. 하지만 파리, 런던, 뉴욕은 선대로부터 물려받은 거리 풍경을 함부로 파괴하지 않죠. 자본주의 사회 속에서도 유산의 가치를 지키면서 공공의 거리 경관이란 무엇인지, 그것이 시민에게

어떤 이익을 줄 수 있는지에 대한 논의와 실천을 굉장히 번거로운 절차를 거치며 이어가고 있죠.

구마   이를 실현하는 것이 앞으로 도쿄가 직면할 가장 큰 과제입니다.

기요노   도쿄 올림픽을 앞두고 반대 의견도 많았고 코로나바이러스라는 사상 초유의 사건까지 겹치며 우여곡절이 많았습니다. 올림픽 같은 대형 이벤트를 통해 도시 순환이 촉진될 거라고 기대했건만 예상치 못한 코로나 사태로 중단되고 말았죠.

구마   일본의 통상적인 프로젝트였다면 국립경기장에 나무를 전면에 내세우는 일은 실현하기 어려웠을 테죠. 그럼에도 올림픽이라는 특별한 '축제' 덕분에 결정하기 어려운 획기적인 프로젝트를 실현할 수 있었던 건 확실하죠. 그런 의미에서 도쿄 올림픽 개최 결정에는 특별한 의미가 담겨 있다고 봅니다.

기요노   코로나바이러스로 도쿄 올림픽이 연기되었고 향후 감염의 확대 상황에 따라 중지될 가능성도 있습니다. 설계에 참여하신 분으로서 이런 상황이 아쉽지 않나요?

구마   저는 건축을 100년 단위로 생각하기 때문에 그리 심각하게 받아들이지 않습니다. 2021년으로 연기되었다고 해도 100년 중의 단 1년일 뿐이니까요.

기요노   개인적으로는 동시대의 축제로서 한껏 달아올랐던 이벤트가 눈앞에서 사라졌다는 사실에 상실감을 느꼈어요.

구마 스타디움 건축은 세계 방송국들이 몰리는 이벤트만을 위한 것이 아닙니다. 100년이라는 단위로 보면 그 사이에 다양한 이벤트가 열리잖아요. 만약 도쿄 올림픽이 중지된다 하더라도 다양한 다른 기회를 통해 사람들이 국립경기장의 공간을 경험하게 될 테죠. 도쿄는 이런 재난을 포함해 역사적 장벽을 뛰어넘으면 그만입니다.

기요노 롤모델이 있을까요?

구마 올림픽의 경우, 2008 베이징 올림픽까지 전형적인 상징 건축, 기념비적 건축이 대부분이었죠. 예를 들어 세계적인 건축가 유닛인 헤르조크&드 뫼롱이 설계한 베이징의 메인 스타디움「베이징 국가체육장」(2008)의 디자인은 단일 건물로서는 흠잡을 데 없이 뛰어난 건축물입니다. 다만 건축과 디자인 잡지에는 대대적으로 소개되었음에도 불구하고 애초에 광장과의 관계성은 좋지 않았고 올림픽 이후에도 제대로 활용되지 못한 채 폐허처럼 방치되어 있어요. 그와 대조적으로 접근한 것이 2012 런던 올림픽입니다. 런던은 올림픽과 관련된 건물들을 주거 환경에 문제가 있었던 도시 동부로 집중시키고, 이를 통해 주변 재개발과 지역 활성화를 추진했습니다. 앞에서 언급한 LSE의 리키 버디트 교수가 런던 시장의 건축 어드바이저로서 도시계획적 시점을 도입했죠. 그렇게 올림픽 이후, 해당 지역은 녹지공원과 새로운 주거지로 다시 태어났고 토지가격도 이미지도 상승했습니다.

기요노   심볼이 되는 올림픽 건축이 아닌, 현시대에 걸맞은 공공 개발의 기폭제가 된 거군요. 그러고 보니 런던 올림픽 이후로 올림픽 건축을 논할 때마다 '역사적 유산'이라는 단어가 쓰이게 되었습니다. 도쿄 올림픽에서는 폐막 후의 선수촌을 「HARUMI FLAG」라는 이름으로 분양한다는 점은 화제가 되었지만 과연 진정한 역사적 유산이 될 수 있을지….

구마   분양 아파트 방식으로 재활용한다는 점은 너무나도 일본답네요. 이에 대한 회의감을 포함해 코로나 사태는 도쿄가 어른이 되는 분기점이 되지 않을까요.

기요노   「국립경기장」 5층에 역사적 유산으로서 설치되는 하늘의 숲空の杜이라는 회랑 공간은 도쿄 올림픽 이후 일반인에게 공개될 예정입니다. 코로나로 인한 외출 자제로 스트레스를 겪는 지금이야말로 걷고 싶은걸요?

구마   그곳에서 진구가이엔 숲 풍경을 보면 기분이 좋아지죠. 올림픽이 개막되기 전부터 시민들에게 개방해도 좋지 않을까 생각합니다.

기요노   구마 씨는 세계적인 랜드마크가 되는 건축을 설계하며, 도쿄대 교수를 지냈으며, 미디어에는 '세계적인 건축가' 라는 수식어로 불리고 있습니다. 그런 구마 씨에게 건축을 의뢰한다는 건 어려운 일이라고 누구나 느낄 법도 합니다.

구마   전혀 그렇지 않아요. 그건 이 책을 읽어보면 알 수 있을 거예요. 거대한 오피스 건물 속의 사무라이들, 즉 샐러리맨을 기반으로 한 일본의 종신고용제가 무너지면서 그들이 활개치던 사회가 본격적으로 한계에 다다르고 있습니다. 그런 상황 속에서 우리 건축가들은 무엇을 제시할 수 있을까요? 코로나바이러스는 제가 염려해 온 대규모 건축의 문제점이 명확하게 드러난 계기였습니다. 2000년대 초반부터 본격화된 신자유주의, 글로벌리즘의 폐해를 사회적 문제로 모두가 공유할 수 있게 되었다고 봅니다. 저 스스로도 '대규모 건축은 위험하다'는 예감이 확신으로 바뀌었고요. 무엇보다 본인이 직접 리스크를 짊어지지 않으면 누구도 진심으로 여기지 않아요. SNS에서 '좋아요'를 받는 것과는 완전히 다른 기준을 만들어야 합니다.

기요노   도쿄는 괜찮을까요?

구마   두고 보세요. 아주 흥미로운 시대가 펼쳐질 겁니다.

1) 야나이 타다시 인터뷰
『이대로라면 일본은 멸망한다このままでは日本は滅びる』
(『닛케이 비즈니스日経ビジネス전자판』2019년 10월 9일자) https://business.nikkei.com/atcl/NBD/19/depth/00357/?P=1

2) 스즈키 히로유키
鈴木博之(1945~2014)
도쿄대학 공학부 교수, 아오야마가쿠인대학 교수, 메이지무라 관장을 역임. 『도쿄의 지령東京の地霊』(분게이 주文藝春秋, 1990, 산토리 학예상 수상)에서 밝혔듯이 '지령Genius loci'이라는 개념을 바탕으로 토지의 역사성이 지닌 위엄을 연구하고 이를 건축 비평의 실마리로 삼았다.

3) 일본은행 본점 구관
日本銀行本店旧館
1896년 완공. 도쿄역을 설계한 것으로 유명한 다쓰노 긴고辰野金吾가 설계했다.

4) 히비야 공원
日比谷公園
1903년 개원. 이전에는 육군 훈련장이었고, 막부 말기까지 다이묘의 저택 부지로 사용되었다. 설계의 총괄은 '일본 공원의 아버지'로 불리는 혼다 세이로쿠本多静六. 혼다는 함께 설계를 맡은 혼고 다카노리本郷高徳와 함께 메이지진구의 숲 조성에도 큰 역할을 했다.

5) 나카긴 캡슐 타워 빌딩
中銀カプセルタワービル
1972년, 도쿄도 주오구 긴자 8초메에 완공. 약 $10m^2$의 크기로 구성된 캡슐이라는 이름의 하나의 방 내부에는 침대와 수납 공간이 있으며 주방은 없다. 당시의 미니멀리즘 사상을 오늘날에 전하는 오래된 건축물이다.

6) 「가마쿠라에서 전하는 이야기
「鎌倉から、ものがたり」
『아사히신문 디지털＆w』의 연재물.
https://www.asahi.com/and_w/series/kamakura/

7) 마치노에키
まちの駅
전국 마치노에키 연락협의회(사무국은 NPO 지역교류센터에 위치)가 지정한 설치 요강에 준하여 동 협의회의 인증 심사를 거친 시설. 공공 및 민간을 불문하고 '무료로 쉴 수 있는 마을 안내소'를 기본 개념으로 한다.

8) 워크＝라이프
'워크 앤 라이프 밸런스(이하 워라밸)'를 넘어서는 새로운 세대의 가치관 워라밸이 워크와 라이프를 분리하여 균형을 맞춘다는 20세기적 업무 중심주의에 기반한 개념인 데 반해, 워크＝라이프는 양자를 완전히 동등하게 놓는 혁신성을 지닌다.

글을 마치며

기요노 유미　　　　　　　　清野由美

이 책은 건축가 구마 겐고 씨와 함께 도쿄를 걸으며 도시에 대해 이야기하는 시리즈의 세 번째 작품이다.

2017년에 시작하여, 도시의 화제성과 맞물리는 도쿄 올림픽이 열리는 2020년에 맞추어 출간하기로 했다. 하지만 축제의 해에 우리가 마주한 건 코로나바이러스라는 전례 없는 사건이었다. 도쿄 올림픽은 역사적인 재앙 속 하나의 에피소드로 회자되는 사건이 되었다.

그렇다고 이런 상황으로 인해 책의 논점이 달라졌을까? 아니다, 달라진 건 없다.

본래 이 책은 경제가 축소되는 시대 속에서 도쿄라는 도시가 어떤 가능성을 보여줄 수 있을지를 탐색하는 데서 출발했다. 이 핵심은 앞선 두 권도 마찬가지이다. 하지만 하나 크게 달라진 점이 있다. 이전까지는 외부의 비평자였던 구마 씨가, 이제는 도시를 설계하고 이끄는 내부의 당사자가 되었다는 점이다.

구마 씨는 「국립경기장」과 「다카나와 게이트웨이역」 등 도쿄에서 주목받는 건축 프로젝트에 연달아 참여하고 있었기에 이러한 이야기를 많이 들을 수 있을 거라 생각했다. 그러나 구마 씨는 올림픽 스타디움이나 새로 오픈하는 철도역 같은 '거대한 건축물'보다 셰어하우스나 포장마차 같은 '작고 귀여운 건축물'이야말로 진짜로 흥미로운 이야기라고 말했다.

21세기를 맞이하여 경제가 축소되는 시대를 살아가는 도쿄는 거대한 건축물에 의존해 현실을 이겨내왔다. 2000년대 이후 도쿄는 번쩍이는 초고층 빌딩과 타워 맨션으로 채워져왔다. 글로벌리즘이 표방하는 효율성, 공리주의, 금전 제일주의라는 흐름에 올라탄 것이다.

그렇다고 우리가 느끼는 시대의 폐쇄성이나 미래에 대한 불안을 덜어냈다고 하기란 어렵다. 오히려 도시는 빛날수록 고독과 소외감이 더해졌다. 효율성만을 우선시하는 것이 사회적이나 건축적으로 과연 건강한 것일까? 이런 두려움과 저항의 감정은 점점 커져갔지만 도쿄 올림픽이라는 축제 분위기 속에서 이를 구체적으로 말하고 전달하는 일은 결코 쉽지 않았다.

그러나 코로나바이러스라는 우연한 사건은 막연하기만 했던 '위험한 느낌'을 우리 눈 앞에 노출시켰다. 글로벌리즘이란 돈과 물건뿐만 아니라 세균까지 대대적으로 이동시킨다는 사실을 말이다!

세계 전역에 피해를 안긴 재앙이었지만, 이는 도시에 대한 통찰을 더욱 깊게 만들어준 계기이기도 했다. 가까운 예시로는 재택근무가 급속히 확산되면서 일하는 방식에 대한 재고가 이루어졌고 각종 회의는 효율적으로 바뀌기 시작했다. 이는 두말할 필요 없이 IT 기술의 발전 덕분이다. 결국 현대 도시란 가상기술과 함께 진화하고 있는 것이다.

그렇기에 우리는 더욱 더 물리적인 '장소'에 대한 갈망을 키운다. 회의는 간소화되고 외출이 제한된 나날 속에서 내가 간절히 바란 것은 사람과 직접 만나고, 맛있는 음식을 먹고, 여행을 떠나는 것과 같은 그저 순수한 직접적인 체험이었다. 심지어 쓸데없다고 느껴졌던 회의조차 인간 사이의 소통으로서 그리워질 정도였다.

나에게 취재란, 바로 그런 물리적인 기쁨이다. 목조 주택과 좁은 골목길이 남아 있는 도쿄를 걸으며 나는 어느 지인의 이야기를 떠올렸다. 쇼와 시대에 도쿄의 서민 동네에서 자란 그는, 약 3평 정도 크기의 방 하나에 부엌이 딸린 허름한 아파트에서 부모님과 누나를 포함해 네 명이 살았지만 좁다고 느낀 적이 없었다고 한다. 왜냐하면 집 밖으로 한 발짝만 나가면 정원 대신 공원이, 거실 대신 상점가, 욕실 대신 동네 목욕탕이 있었기 때문이다. 어디를 가든 친구들이 있었고 아는 어른들이 말을 걸어주는 풍경이 일상이었다.

증강현실 같은 장치를 사용하지 않아도 사람들은 그렇게 머리와 손발을 외부에 확장하며 다른 사람들과 관계를 맺으며 살아왔다. 자신의 걸음으로 거리를 오가고, 즐거움을 발견하고, 심신의 건강을 유지해 온 것이다.

축제를 잃어버린 데다, 지나친 효율을 추구하는 일에 제동이 걸린 지금, 우리 주변에는 작고 소박한 행복들을 다시 돌아보려는 마음이 더욱 커졌다. 그리고 이 흐름은 앞으로도 계속되면서 도쿄라는 도시가 변화하는 데 무엇보다 소중한 계기가 될 것이라고 믿는다.

우리는 축소의 시대를 지탱해 줄 새롭고, 인간적인 이야기를 진정으로 필요로 해왔다. 도쿄는 그런 이야기를 뒷받침하는 플랫폼으로 존재하며, 이 책에서 구마 씨와 이야기한 작고, 귀여운 건축물이야말로 그것을 미래로 확장시킬 수 있을 것이다.

이 책을 집필하며 취재에 기꺼이 협조해주신 모든 분들, 『신 무라론 TOKYO』에 이어 이번에도 슈에이샤신쇼 편집부의 치바 나오키 씨, 그리고 교열에 힘써주신 여러 분들께 다시 한번 진심으로 감사의 말씀을 전하고 싶다.

저자 인터뷰

시대의 경계에 마주한 건축가

민성휘(이하 민)   2021년, 이 책을 읽고 나서 건축에 대한 제 생각과 앞으로의 활동 방향에 큰 영향을 받았습니다. 그때부터 한국의 많은 분들께 꼭 소개하고 싶었는데 이번에 출간과 함께 인터뷰로 직접 인사드릴 수 있어 정말 기쁩니다. 먼저, 서문에 등장하는 '무사여 잘 있거라', '굿바이 사무라이'라는 표현이 특히 인상 깊었습니다. 구마 씨는 평소에도 참신하며 날카로운 비판으로 잘 알려져 있지만, 이번에는 훨씬 더 강렬한 선언처럼 다가왔습니다. 당시에는 어떤 생각으로 서문을 썼는지 궁금합니다.

구마 겐고(이하 구마)   2020년, 당시 도쿄의 풍경을 보며 많은 것을 느꼈습니다. 작은 주택들이 하나둘 사라지고, 그 자리를 명품 브랜드 매장과 초고층 빌딩들이 채워가고 있었죠. 저는 이런 변화가 도쿄를 점점 매력 없는 도시로 만든다고 생각했습니다. 본래의 도쿄라면 더 인간적이고, 복잡하며, 서로 뒤엉킨 매력이 있어야 한다고 보거든요. 그래서 본래의 매력을 되찾고 싶다는 마음으로 글을 쓰게 되었습니다.

민   제가 처음으로 출판한 책은 사회학자 마츠무라 준의 『건축하지 않는 건축가』(2024)입니다. 그 책에서 특히 흥미로웠던 부분은 구마 씨에 대하여, 끊임없는 자기 성찰을 통해 계속해서 업데이트해 나가는 '후기 근대적 건축가'라고 해석한 부분이었습니다. 이에 대해 어떻게 생각하나요?

구마 글쎄요, 저는 스스로를 시대의 전환기에 놓인 사람이라고 생각합니다. 정확히 말하자면 '두 시대의 경계를 살아가는 사람'이라고 할 수 있겠죠. 먼저 근대, 즉 '모더니즘의 시대'입니다. 근대는 결국 산업화의 시대였고 산업화는 표준을 만들어내는 구조였습니다. 하지만 모더니즘 시대는 표준에서 벗어난 사람들을 쉽게 배제했죠. 다음에는 각자가 원하는 일을 하며 살아가는 '다양성의 시대'입니다. 저는 이 두 시대를 모두 경험했기 때문에 '후기 근대적 건축가'라기보다는 오히려 새로운 시대의 서막을 여는 사람이라고 표현하는 것이 옳지 않을까 생각합니다.

리스크를 짊어지고 스스로 실천하는 삶

민 본문에서 소개한 셰어하우스, 트레일러를 통한 자급적인 실천처럼, 작은 규모에서 유연하게 시도한 프로젝트들도 무척 인상 깊었습니다. 바로 근대적 방식과는 전혀 다른 접근으로 건축을 바라보며, 오늘날에 꼭 필요한 방향성을 보여주었다고 말이죠. 그런 의미에서 지금 시대에 어째서 작은 것과 유연한 실천이 필요하다고 보는지 궁금합니다.

구마   그건 바로 모두가 자신의 삶을 스스로 결정하고 싶어하는 시대이기 때문입니다. 이제 남이 만들어놓은 표준이나 틀 속에서 살기를 원하는 사람은 없을 겁니다. 반면, 초고층 빌딩은 수많은 사람들을 한 공간에 몰아넣는 전형적인 근대적 산물입니다. 하지만 이제는 스마트폰만 있으면 굳이 같은 공간에 모일 필요가 없죠. 그럼에도 불구하고 여전히 초고층 빌딩이 생겨나는 건 참으로 이상한 일입니다. 타워형 맨션도 마찬가지입니다. 엘리베이터 한 대를 운용하는 데 드는 에너지, 고층에서 지하까지 물을 끌어올리는 배관 시스템…. 여기에는 엄청난 자원이 소모됩니다. 근대에는 적합했을지 몰라도 지금의 시대에는 맞지 않다고 생각합니다. 그래서 저는 그런 구조에 반대되는 방식으로, 작고 유연한 공간 속에서 삶을 실천하고 있습니다.

민   구마 씨는 본문에서 젊은 건축가나 학생들에게 '리스크를 짊어지고 스스로 실천하는 태도'를 강조했습니다. 지금처럼 미래가 불확실하고 '공생', '다양성' 같은 가치가 자주 논의되는 시대 속에서, 건축가들은 어떤 사회적 책임을 져야 한다고 보는지, 또한 어떤 방식으로 리스크를 짊어지며 살아가야 한다고 생각하는지 궁금합니다.

구마   무엇보다 중요한 건 누군가에게 기대지 않고 직접 몸으로 부딪치며 실천하는 일이라고 생각합니다.
제가 셰어하우스를 직접 운영하는 것도 같은 이유죠.
거주하는 사람들과 직접 대화하지 않으면 이상적인 건축을
만들 수 없으니까요. 진정으로 시대를 바꾸고 싶다면 남에게
맡기거나 조직에 의지하지 말고, 스스로 리스크를 짊어지며
직접 실천해야만 합니다.

민 　건축가들은 대체로 자기표현에 대한 욕망이 굉장히
크죠. 반면 리스크를 짊어진다는 태도와 자기표현은 어쩌면
서로 충돌하는 개념처럼 보이기도 합니다.

구마 　저는 인간이라면 누구나 어떤 형태로든 자기표현을
하고 싶어 한다고 생각합니다. 다만 과거에는 이를 위해
'크고 눈에 띄는 것'만을 추구했죠. 어쩌면 꽤 야만적인
방식이었다고 생각합니다. 하지만 지금은 시대가
달라졌습니다. 작더라도 그 안에서 충분히 자기표현을
할 수 있고, 작은 규모 속에서도 무궁무진한 표현 방식이
존재합니다. 그래서 저는 각자가 그런 '작더라도 자신을
표현하는 일'을 추구하면 된다고 생각합니다. 오늘날에는
'크고 눈에 띄는 것'만을 좇는 방식은 더 이상 어울리지
않는다고 봅니다.

민 　반면에 혼자 리스크를 짊어지고 무언가를 실천해야
한다고 주장하면 종종 '그건 돈이 많은 사람이나 가능한

일이지'라는 이야기를 듣곤 합니다. 이야기의 핵심은 타인의 자본에 기대지 않고, 작더라도 자신의 감각으로 직접 실천해보고 계속해서 업데이트해 나가는 것인데 말이죠. 이런 이야기를 들을 때면, 건축가 집단에는 여전히 삐딱한 태도에 스스로 도취되어 있는 사람이 많다고 느낄 때도 있습니다.

구마　물론, 제가 셰어하우스를 운영할 수 있었던 데는 어느 정도의 자금적인 여유가 있었기 때문입니다. 하지만 가장 중요한 건 자신이 감당할 수 있는 규모 안에서 자신만의 힘으로 직접 실천해보는 거예요. 처음에는 보잘것없어 보일 수도 있지만 직접 실천해보는 게 무엇보다 중요하죠. 그래서 저는 어릴 때부터 남에게 기대지 않고 스스로 행동에 옮겨보는 감각을 몸에 익혔으면 좋겠습니다.

삶을 위한 리듬이 되는 잡음

민　구마 씨는 『GA JAPAN(Vol.122)』(2013)에서 '안도 씨가 설교라면 나는 잡음이다'라고 말했던 걸로 기억합니다. 지금까지의 활동을 돌이켜보면 늘 중심에서 조금 비켜난 자리에서 실천해온 일들이, 어느 순간 다시 중심으로 전환되는 과정을 거쳐왔던 것 같습니다.

그렇기 때문에 저 또한 구마 씨가 하나의 '잡음' 같은
존재라고 생각했어요. 더 나아가 중심은 아니지만 결국
중심으로 이어지는, 그런 모순적인 삶을 실천해온 인물이
아닐까 생각합니다.

구마　음…, 예를 들어 서로 다른 디자인의 가구가 뒤섞여
있고 일부러 정리하지 않은 방을 떠올려볼까요?
그런 공간은 일종의 '잡음'으로 가득한 상태라고 할 수
있습니다. 그런데 저는 그런 공간이 훨씬 편안하게
느껴집니다. 너무 깔끔하고 조용하기만 한 공간에서는
작은 소리만 내도 혼날 것 같은 기분이 들잖아요.
반대로 사람들의 웅성거림이 있는 공간에서는 내가 무언가를
말해도 전혀 신경 쓰이지 않죠. 그렇기 때문에 저는 소리뿐만
아니라 공간적으로도 '잡음'이 있는 상태가 훨씬 쾌적하다고
느낍니다. 지금까지는 안도 씨의 건축처럼 '잡음이 없는
건축'이 멋진 것으로 여겨져 왔던 것 같아요. 정작 그 공간에
직접 가보면 그다지 쾌적하지 않은 경우가 있는데도 말이죠.
그런 의미에서 가치관이 달라져도 좋다고 생각합니다.
단순한 미의식의 변화가 아닌 인간이 살아가는 방식 자체의
변화를 말이죠. 제 자신도 어느 날은 왼쪽을 향하기도,
또 다른 날은 오른쪽을 향하기도 합니다. 늘 반복되는 같은
이야기를 강요받으면 반발심이 생기죠. 예전부터 그런

강요를 하는 어른들이 정말 싫었습니다. 그래서 앞으로도 계속해서 잡음을 만들어가고 싶습니다.

이건 저의 개인적인 취향이 아닌 모든 인간에게 해당하는 아주 자연스러운 감각이라고 생각합니다. 오히려 잡음을 부정하는 태도가 부자연스럽지 않나요? 저에게 중심이냐 아니냐는 별로 중요하지 않습니다. 다만 잡음을 좋아한다는 사실을 계속해서 강조하고 싶습니다.

민   '잡음'은 어느 순간 '리듬'으로 바뀌기도 하죠. 저는 소설가 무라카미 하루키의 『댄스 댄스 댄스』를 굉장히 좋아합니다. 인생을 살다 보면 예기치 않게 맞닥뜨리게 되는 단편적인 어두운 그림자들을, 삶 전체의 리듬과 댄스를 통해 극복해 나간다는 점 때문이죠. 무라카미 하루키의 '나만의 리듬으로 춤을 추듯, 삶이라는 리듬에 댄스를 더한다'라는 메시지는 구마 씨의 생애나 건축에 존재하는 리듬과도 맞닿아 있다고 느꼈습니다.

구마   맞습니다. 저는 뚜렷한 목표를 세워 그것만을 향해 달려가는 것보다 지금 이 순간의 리듬을 즐기며 살아가는 태도가 더욱 중요하다고 생각합니다. 누군가가 '당신은 이 목표를 향해 살아야 해'라고 명령한다면 큰 스트레스가 되겠죠. 사실 누구도 그렇게 목적 중심의 삶을 살고 싶어하지 않습니다. 중요한 건 자신이 살아가는 시간 속에서 리듬을 느끼며 살아가는 겁니다. 리듬은 사람마다 다르며, 하나의 곡 안에서도 끊임없이 변주되듯 우리 삶의 리듬도 계속 변합니다. 그런 리듬을 즐기며 살아가는 것이 제가 추구하는 삶이기도 합니다.

민 물론 잡음의 결과로 전혀 예상치 못한 비판을 받을 때도 있죠. 구마 씨가 말한 '낡고 허름한 건축', '지는 건축' 같은 키워드들에 대한 비판도 상당했을 것 같아요. 이런 예측 불가능한 잡음들을 어떻게 받아들이나요?

구마 건축을 하다 보면 누군가로부터 반드시 비판을 받게 됩니다. 사실 건축을 통해 이러한 비판을 받을 거라고는 전혀 생각하지 못했습니다만, 초기 작품인「M2」를 만든 후에 건축은 비판을 피해갈 수 없는 분야라는 사실을 뒤늦게 깨달았습니다. 특히 일반 대중보다 같은 업계 동료들로부터 거센 비판을 받았다는 점이 굉장히 힘들었어요. 그래서 한때는 정말 많이 지치고 괴롭기도 했습니다. 하지만 정말로 중요한 건 그런 비판에 휘둘리지 않고 살아가는 힘입니다. 좋은 건축을 만들기 위해서는 비판에 단단해질 수 있는 능력이 필요하다는 걸 배웠습니다. 지금처럼 어느 정도 이름이 알려진 상황에서도 비판은 여전히 끊이지 않지만, 이제는 그런 목소리들을 자연스럽게 받아들이고 흘려보낼 수 있게 된 것 같습니다.

일본만의 무라적 감각이 품은 새로운 여백

민   이야기를 듣다 보니 일본 사회 특유의 '무라적 감각'에 연결되는 것 같습니다. 무라村는 일반적으로 땅의 경계, 행정 단위, 눈에 보이는 마을의 형태 같은 외형적 공동체, 즉 '촌락'을 뜻하죠. 그런데 그 안에는 두 가지 의미가 공존합니다. 하나는 공동체적 유대와 친밀감, 따뜻함 같은 긍정적인 의미이고, 다른 하나는 집단의 서열 구조 속에서 관습과 규범을 중시하며 외부인을 배척하는 폐쇄적인 의미입니다. 특히 일본의 섬나라적 특성과 맞물려, 이러한 배타적인 조직을 '무라 사회'라고 부르기도 하고요. 구마 씨는 도시 개발이나 지역 재생의 방식 속에 드러나는 일본의 '무라적 감각'을 어떻게 보나요?

구마   도시 개발에서 대부분의 건축물이 건축가가 아닌 대형 설계사무소나 종합건설사의 설계부 손에서 만들어지는 모습은 상당히 폐쇄적이라고 생각합니다. 세계적으로도 드문 방식이니까요. 또한 일본인들은 비슷한 감성의 건물을, 비슷한 분위기 속에서, 비슷한 스타일로 짓고 싶어 합니다. 조금이라도 다른 방향을 시도하려는 사람에게 비판적인 시선이 집중되다 보니 새로운 시도를 하기가 쉽지 않죠. 그래서인지 제가 도쿄에서 진행한 프로젝트는 많지

않습니다. 오히려 해외나 일본 지방에서의 작업이 훨씬 더
많습니다.

민 맞습니다. 일본에는 좁은 공동체에서 비롯된
폐쇄성이나 서로 눈치를 보며 다른 생각을 억누르는
분위기가 분명 존재하죠. 하지만『신 무라론』에서 말했듯이
'무라적 감각'에는 또 다른 가능성이 있습니다. 앞서 언급한
긍정적인 의미의 무라는, 밀착된 관계망 속에서만 느낄 수
있는 친밀함과 연결되며, 그 안에는 느슨한 관계와 여백,
다양성을 품을 수 있는 공동체로 발전할 여지가 있습니다.
결국 일본이라는 무라 사회는 억압적이고 배타적인 형태로
흐를 수도 있지만 반대로 서로를 돌보고 자유롭게 얽힐 수
있는 따뜻한 사회가 될 수도 있습니다.

구마 그렇긴 하지만, 분명한 건 편안함에 안주하기만
하면 도시는 점점 더 재미를 잃고 인간답게 살기 어려워질
것입니다. 예를 들어 300년이나 이어진 에도 시대의
무라 시스템에 싫증을 느낀 사람들이 메이지유신을 일으킨
것처럼요.
'무라적 감각'이 주는 편안함 자체는 긍정적으로 보지만,
그 상태가 오래 지속되면 언젠가는 반드시 터진다고
생각합니다. 그래서 조금 더 일찍, 스스로 깨뜨려보는 시도가
필요하다고 봅니다.

민 그렇지만 일본에서는 '모두가 함께'라는 '무라적 감각'을 바탕으로 좋은 건축이 만들어지기도 하는걸요? 특히 일본에서 공공건축을 만들 때는 워크숍을 열어 서로 얼굴을 맞대며 의견을 나누는 모습이 그렇죠. 이런 과정은 모두가 납득할 수 있는 결과를 만들거나 그다음 단계에 자연스럽게 연결된다는 장점이 있다고 생각합니다. 구마 씨는 이러한 '모두 함께 건축을 만든다'는 방식에 대해 어떻게 생각하나요?

구마 저도 여러 차례 워크숍을 경험했지만, 워크숍에는 양면성이 있다고 생각합니다. 예상치 못한 사람과 만나 뜻밖의 대화를 나눌 수 있는 워크숍은 정말로 큰 의미가 있습니다. 하지만 전형적인 '퇴색된 대화'만을 반복하는 워크숍이라면 결국 재미를 잃을 수밖에 없죠. 언젠가 '건축이 재미를 잃어버린 건 워크숍이 시작되면서부터다'는 말이 나올지도 모릅니다. 그래서 저는 워크숍을 기획하는 사람의 역량이 무엇보다 중요하다고 봅니다. 어떻게 하면 즐겁고 활발한 대화의 장으로 만들 수 있을지 철저하게 고민해야 한다는 말이죠.

민 핵심은 '무엇을 만들 것인가'가 아닌 '어떻게 만들고 싶은가', '왜 만들고자 하는가'라는 질문에 이어지는 것 같습니다. 본문에서 말한 '자신의 공간을 갖는 것이

중요하다'는 대목처럼, 우리 모두는 생존을 위한 원초적
본능뿐만 아니라 자아실현을 향한 본능적인 감각과 욕구를
지니고 있기 때문이죠.

구마 인간은 결국 동물이에요. 그리고 사람마다 지니는
본능은 절대 표준화하거나 정형화할 수 없습니다. 그런데
근대는 타인의 본능을 보편적인 기준으로 삼았죠.
저는 그게 정말 싫었어요. 그래서 본능을 표준화의 도구가
아닌 차별화할 수 있는 도구로 삼고 싶습니다. 만드는 사람의
의견이 담기지 않은 건축은 생명력이 없기 때문에 앞으로는
더욱 각자가 자기 본능을 깊이 탐구해야 한다고 생각합니다.

즐거움과 온기로 발효되는 건축

민 이 책을 출간하는 일도 결국에는 저의 본능과 욕망에
연결되는 일입니다. 하지만 이는 자기중심적인 탐욕이 아닌
타인을 긍정하면서 나 자신도 긍정해볼 수 있는 기회를
모색하기 위한 순수한 욕망에 가깝다고 봅니다. 그리고
이것이야말로 제 인생과 건축을 이어주는 중요한 태도이기도
하고요.
본문에 등장하는 지방에서 케이크를 팔거나 카페를
운영하는 젊은 건축가들의 이야기가 무척 인상 깊었습니다.

특히 공간이 도로와 맞닿으면서 점차 하나의 건축으로 자리 잡아가는 과정이 말이죠. 기성 건축가들의 시선에서 바라보면 '그게 과연 건축인가?'라고 의문을 가질 수도 있겠지만, 이런 활동을 긍정해보는 것은 점점 축소되어가는 사회를 살아가는 우리 모두의 숙제라고 생각합니다. 다만 이를 어떻게 바라보고, 어떻게 긍정해야 할지 좀처럼 쉽지 않은 일이네요.

구마 저는 건축을 전공했음에도 지금은 다른 일에 몰두하고 있는 젊은 사람들을 정말 좋아합니다. 그들은 건축을 경험했기 때문에 건축의 한계는 물론, 새로운 가능성까지도 이해하고 있기 때문이죠. 건축을 경험한 사람은 세상을 보는 눈이 다릅니다. 건축은 인류가 가장 오래전부터 이어온 활동 중 하나이고, 도시 만들기 혹은 정치의 기초와도 맞닿아 있으니까요. 그렇기 때문에 건축을 매개로 자기만의 비즈니스나 활동을 발견할 수 있는 겁니다. 건축을 전혀 배우지 않고 그냥 케이크 가게를 시작한 사람과는 달리, 건축을 경험한 사람은 새로운 감각으로 '어떤 케이크를 어떻게 팔 것인가'라는 문제 자체를 정의할 수 있죠. 저는 그런 가능성에 큰 기대를 걸고 있습니다.

민 말씀하신 태도는 진지함보다는 즐거움에 가까운 감각인 것 같습니다. 그러고 보니 『신 무라론』에서

'도시계획에서는 동네 아줌마들을 웃게 만드는 감각이 중요하다'라는 표현이 굉장히 인상적이었어요. 건축가가 케이크를 팔고, 카페를 열고, 사람들과 어울리는 활동을 바탕으로 유머와 즐거움을 담은 도시와 건축을 만들어낼 수 있지 않을까 생각했죠. 그래서 앞으로는 '유머 넘치는 건축', '즐거움이 가득한 건축'이 더욱 많아졌으면 좋겠습니다.

구마 굉장히 중요한 부분이라고 생각합니다. 앞으로 건축과 도시를 만드는 일은 사람에게 최고의 놀이가 될 수 있다고 믿습니다. 그러기 위해서는 무엇보다 즐거움이라는 감각이 중요하고요. 논리만으로 밀어붙이면 결과도 차갑고 딱딱하게 굳어버리기 쉽습니다. 앞으로는 즐거운 과정을 통해 완성된 건축과 도시만이 사람들에게 기분 좋은 즐거움을 줄 수 있을 것입니다.

민 웃음이란 결코 혼자서 만들어낼 수 없죠. 결국 웃음과 따뜻함은 사람들 사이의 온기 속에서 발효되고, 시간이 지나면서 숙성되는 것이라고 생각합니다. 그런데 요즘은 서로를 쉽게 비난하고 자기만 옳다고 주장하는 분위기가 사회 전반에 퍼져 있는 것 같습니다. 웃음으로 발효시키고 숙성시킬 틈을 주지 않아요. 그렇기 때문에 개방적 무라를 바탕으로 만들어지는 따뜻함과 온기가 지금 시대에 더욱 중요한 가치가 아닐까 생각합니다.

구마   요즘은 SNS가 지닌 익명성을 방패 삼아 너무나 쉽게 서로를 공격하고 있습니다. 모두가 날카로워지고 예전보다 더 살기 어려워지고 있어요. 그래서인지 많은 사람들이 예전보다 훨씬 더 따뜻함을 필요로 하는 것 같습니다. 그렇다면 어떻게 따뜻함을 만들어야 할까요? 그것이 바로 건축의 역할이라고 생각합니다. 건축은 단순히 결과물을 짓는 행위가 아닌 짓기 위한 과정 자체로서 서로를 보듬고 온기를 나누는 경험이 되어야 합니다.

민   이 책이 정말 흥미로웠던 점은, 구마 겐고라는 한 사람의 삶에 담긴 감정들이 아주 생생하게 드러나 있다는 것입니다. '건축을 통해 사회를 바꾼다!'라는 거창한 의지가 아닌 '건축을 통해 삶을 즐기고 싶다', '건축에 얽매이지 않고 자유롭게 살고 싶다'는 마음이 잘 전해졌던 것 같아요.

구마   사실 저도 예전에는 '건축을 통해 세상을 바꾸겠다!'라는 거창한 생각을 품었던 적이 있습니다. 하지만 이제는 오히려 작은 것, 내 주변의 구체적인 삶에 더 집중하게 되었어요. 게다가 한 장소에 오래 머물면 답답함을 느끼는 성격이라 자꾸만 다른 곳으로 도망치고 싶어집니다. 도쿄를 걷다 보면 여전히 따뜻한 장소들이 남아 있습니다. 그래서 그런 따뜻한 장소들을 발견하고, 옮겨 다니며 떠도는 유목민 같은 삶을 앞으로도 계속 이어가고 싶습니다.

요즘에는 저처럼 삭막한 도시 풍경에 대해 답답함을 느끼는 사람들이 훨씬 많아졌을 거라 생각합니다. 그리고 그 답답함에서 벗어나 따뜻함과 온기를 찾아 떠돌기 시작한 사람들이 늘어나고 있다고 생각합니다.

민 건축을 통해 세상을 바꾸겠다는 큰 비전을 지닌 사람들뿐만 아니라 작은 것과 일상의 삶을 그려나가고자 하는 이들에게도 값진 이야기가 될 것 같습니다. 마지막으로, 이 책을 읽게 될 독자들, 특히 학생이나 젊은 건축가들에게 한마디 부탁드립니다.

구마 이 책은 우리가 당연하게 여겨온 건축의 정의를 한번 부숴보고 싶다는 마음으로 집필했습니다. 건축은 사회에 있어 매우 중요한 존재이지만, 동시에 사회를 구속하고 재미없게 만들어온 측면도 있습니다. 그렇기 때문에 한번쯤은 기존의 건축을 깨뜨려 보고, 더 나아가 도시와 건축에 따뜻함과 즐거움, 흥미로움을 더할 수 있는 계기가 되기를 바랍니다.

2025년 6월 21일
도쿄 아오야마에서

역자 후기

건축과 삶을 잇는 여유
(신 도시론, 신 무라론을 읽고)

두 발을 천천히 내딛으며 걷는 일은 결코 힘들지 않다.
너무나 일상적이라 숨이 차오르지 않고, 몸에 무리도 가지
않는다. 게다가 주변의 풍경을 찬찬히 음미할 수도 있다.
이는 나만의 속도를 알기 때문에 가능한 일이다.

반면, 힘껏 질주하는 일은 다르다. 숨이 가빠지고,
오래 달릴 수도 없으며, 무엇보다 주변을 둘러볼 여유조차
사라진다. 거기에 누군가를 추월하려는 경쟁심이 더해진다면,
결국 나만의 속도는 잃고 만다.

도시라는 무대도 마찬가지다. 도시가 생겨나기 전의
마을은 두 발을 천천히 내딛는 걸음으로 만들어졌다. 그러나
철근과 콘크리트라는 새로운 재료와 이를 통한 공법은 건축을
점점 더 크고 높게 만들었다. 무엇보다 이러한 방식은 19세기
이전의 전근대적 마을 풍경을 지워가면서 이루어졌다.
이는 도시에 건축을 빠르게 채워 나가는 레이스에서
상대방을 추월했다는 우월감에 도취되어 거침없이 질주하는
모습과 다르지 않다.

여기서 묻고 싶은 것이 있다. 본래 인간에게 필요한
관계와 사람들 사이의 온기를 잃어가면서까지 그렇게나 많은
건축을 지어야 했는가하는 사실이다. 뿐만 아니라 건축은
왜 그토록 몸집을 키워야 했는지, 그리고 그 욕망을 끊임없이
자극하고 정당화했던 시대의 감정은 무엇이었는가도 함께

말이다.

먼저, 우리는 왜 그렇게 많은 건축을 지어야 했을까? 그 중심에는 자가주택에 대한 강렬한 욕망이 있다. 19세기까지만 해도 집은 물려받거나 빌려 사는 것이 일반적이었다. 그러나 두 차례의 세계대전이 남긴 주택난과 공업화의 물결은 상황을 급격히 바꾸었다. 자가주택은 곧 안정과 풍요의 상징이 되었고, 이는 도시 풍경을 바꾼 가장 강력한 원동력이 되었다. 주택난에 대응하는 방식은 나라와 환경마다 달랐지만, 공통적으로 '마을'이라는 주거 단위는 점차 힘을 잃고 사라졌다.

이어서 건축은 왜 그토록 몸집을 키워야 했을까? 물론 마을이 사라져 가는 동안 건축가들은 이러한 사회적 문제를 인식하고 있었다. 예컨대 르 코르뷔지에의 '빛나는 도시'처럼 집합주택 안에 마을 풍경을 담으려는 시도도 있었다. 그러나 건축가들이 내놓은 해답은 골목과 마당이 지녔던 생활의 온기를 온전히 대신하지 못했다. 동시에 철근콘크리트와 엘리베이터는 건축을 더 크고 높게 짓는 것을 가능하게 했고, 산업화와 도시화의 가속은 이를 곧바로 현실에 적용하게 만들었다. 국가는 인구 증가를 수용하기 위해, 기업은 자본의 논리에 따라 효율을 극대화하기 위해 거대 건축을 요구했다. 건축은 단순한 주거 제공을 넘어 국가와 도시의 위상을 드러내는 상징으로 발전한 것이다.

　　마지막으로 그 욕망을 정당화했던 시대적 감정은 무엇이었을까? 20세기 후반 이후 도시와 기업은 단순한 기능과 효율을 넘어 '보여주기 위한 이미지'와 '경쟁에서의 우위'를 추구하기 시작했다. 이 흐름을 잘 보여주는 것이 바로 '브랜드 건축가'의 등장이다. 미국에서는 프랭크 게리나 렘 콜하스 같은 이름 있는 건축가들이 참여한 프로젝트가 도시의 상징이자 문화적 권위를 드러내는 수단이 되었다. 이처럼 '브랜드 건축가'에게 기대는 절대적 신뢰감은 도시 재생과 경제 활성화라는 명제 아래 여러 욕망을 정당화할 수 있었다.

　　이처럼 20세기 이전의 마을과 현재 도시의 풍경 사이에는 안정과 풍요의 상징, 기술 혁신과 도시화, 그리고 브랜드 건축가를 향한 절대적 믿음이라는 시대적 감정들이 복잡하게 얽혀 있다. 그렇지만 이러한 방식으로 도시를 만드는 일은 더 이상 매력적이지 않으며, 삶의 가치를 높인다고 말하기도 어려운 시점에 도달했다.

　　그렇다면 한 세기 전, 집합주택 속에 이상적인 마을의 모습을 재현하고자 했던 건축가들의 노력처럼 오늘날 새롭게 대두되는 사회적 감정에 대해 건축가들은 어떤 처방을 내릴 수 있을까. 아쉽게도 지금의 건축가들은 말하지 않는다.

더 정확히는 말을 하지 않아야 생존할 수 있는 상황에 처해 있다. 요점은 건축가의 나태함이 아닌 건축을 둘러싼 환경이 근본적으로 달라졌다는 사실을 말하고 싶다.

    이 또한 '브랜드 건축가'의 존재와 무관하지 않다. 건축가의 이름은 건축물의 가치와 직결되었고, 도시와 기업의 브랜드 전략에 맞물리며 위상을 높이는 수단으로 활용되었다. 그러나 이런 방식은 대규모 자본, 고밀도 개발, 규제 완화라는 도시 개발의 논리에 종속될 수밖에 없다. 건축가는 더 이상 클라이언트와 긴밀히 협업하기보다는 브랜드로서의 신뢰를 제공하는 역할만 요구받고 있다. 유명 건축가의 이름은 디벨로퍼가 원하는 '반복 가능한 스타일'의 상징에 지나지 않는다. 삶의 본질을 담는 그릇이라는 건축의 대전제는 사라지고, 건축은 더 빠르고 효율적으로 생산한다는 목표 아래 진부한 형식을 반복하고 있을 뿐이다.

    그렇다면 브랜드에 기대지 않는 도시는 불가능한 것일까? 이제까지 이어져 온 도시의 방향을 다른 쪽으로 돌린다면 가능할지도 모른다. 위에서 아래로 내려오는 20세기식 도시 계획으로는 여러 사람이 함께 행복해질 수 없다는 사실이 점점 분명해지고 있다. 새로운 가능성을 모색하기 위해서는 우리가 잃어버린 것이 무엇인지를 생각해보는 것이 무엇보다 중요하다. 행정이나 자본가가 아닌 주민이 도시의 주체가 되어야 하며, 외형적 형태에 집착하는 도시가 아닌 일상의 생활상을 담아내는 계기로서의 도시가 그러하다. 이를 위해서는 빠르면서도 동시에 느릴 수 있는, 모순적이지만 더 높은 차원의 가치관이 요구된다.

바로 이러한 능력을 가능케하는 것이 성숙함이다. 성숙이라는 관점이 작동해야만 다양한 이해관계를 조율할 수 있고, 도시를 만들어가는 고된 과정 속에서도 오래 달릴 수 있기 때문이다. 물론 여기서 말하는 성숙은 새로운 발명이 아니다. 멈추는 법을 잊은 채 관성에만 기대어 달리는 것이 아닌, 비록 빠르지 않더라도 스스로 속도를 조절하며 나아갈 수 있는 감각이다.

예를 들어 절묘한 거리감 속에서 새로운 관계를 실험하는 셰어하우스, 이동성과 임시성을 품은 트레일러 같은 유동적 건축, 예산보다 태도에서 비롯되는 건축가의 새로운 감각, 그리고 다양한 이해관계를 조율하며 문화가 뿌리내릴 토양을 지켜내는 창조적 협업이 그렇다. 이는 실패를 거듭하며 성숙함에 도달했을 때 비로소 깨달을 수 있는 일이다.

또한 본문에서 언급된 '작고 낡거나 허름한 것'조차 새로운 가치로 받아들이는 태도 또한 성숙함과 맞닿아 있다. 이는 건축가의 자기 주장이나 기념비적 형식이 아닌, 우리가 스스로 파괴해온 삶의 본래 맥락을 되살리려는 자아성찰적 실천 속에서 건축의 의미를 다시 회복하게 한다. 이는 역사와 지역성, 동네, 그리고 자신만의 공간을 가지려는 욕망이라는 시대적 키워드 속에서 건축이 다시 사회와 연결되는 길과도 맞닿아 있다.

한편 오늘날의 도시를 짊어져야 하는 젊은 세대는 성숙의 필요성은커녕 성장의 달콤함조차 제대로 맛본 적이 없다. 나 역시 사회로부터 먼저 성숙의 쓴맛을 배워야 했다. 그래서일까, 무엇보다 성숙의 무게를 지닌 채 건축 이전에 삶을 돌아보고 그 속도와 리듬을 조절해야 한다는 자각이 찾아왔다.

성숙을 위해 필요한 것은 무엇일까? 바로 여유다. 건축은 불안한 시대에도 스스로 여유를 품으려는 작은 실천이어야 하며, 그 여유 속에서 자유로워질 때 비로소 건축과 삶은 하나로 엮일 수 있는 법이다.

인류의 역사는 중세의 역병이나 산업혁명처럼 거대한 사건 속에서 크게 요동쳤다. 그러나 시대를 진정으로 움직여온 것은 언제나 개인의 삶이었고, 그 삶을 지탱해온 것은 결국 작고 소박한 일들이었다. 사랑에서 실패하고, 눈물로 그리움을 그려본 사소한 경험들이야말로 도시 속에 더 많이 뿌리내려야 하며, 각자가 그 속에서 자신만의 열매를

맺어야 하는 이유다. 그렇게 크고 화려한 성과가 아니라 작은 실천과 일상의 축적 속에서 발견되는 여유가 결국 건축을 다시 사람과 연결시킬 수 있다.

역자인 나에게 건축은 더 이상 형태와 크기를 과시하는 일이 아니다. 오히려 삶을 되묻고 성찰하는 계기이며, 작은 시도를 통해 성숙과 여유를 길러내는 수단이다. 나에게 이를 향한 작은 시도는 번역이었다. 나만의 속도로 무한한 세계를 써 내려갈 수 있다는 번역과 글쓰기의 매력 속에서 나는 성숙과 여유를 뿌리내릴 수 있었다. 그 출발점에서 이 책은 커다란 용기가 되었다.

한국에서 건축을 전공하고 일본으로 건너온 후, 정답이라고 믿어왔던 것들이 의문으로 바뀌기 시작한 2021년 1월, 우연히 이 책을 만났다. 건축과 삶을 어떻게 다시 잇고, 그 과정에서 어떤 성숙과 여유가 필요한지를 끈질기게 묻는 내용은 나의 고민과 정확히 맞닿아 있었다. 특히 구마 겐고의 서문은 눈시울을 붉히게 만들기도 했다.

많은 사람들이 읽었으면 하는 바람에 번역을 결심했지만 초보 번역가의 어설픈 샘플 번역과 기획서는 디딤판이 되지 못했다. 애시당초 출판업계라는 무대는 너무 높았다. 하지만 이는 직접 출판의 주체가 되는 계기가 되기도 했다. 뜻이 맞는 파트너를 직접 찾기 위해 SNS에서 건축 이야기를 전달했고, 나 스스로도 건축과 삶을 굳이 구분하지 않으려 애썼으며, 평소보다 많은 시간을 할애해 건축에 대해 고민했다. 마지막으로 보다 나은 번역을 위해 연마하는 시간도 거듭했다. 그렇게 긴 시간을 거쳐 마침내 책을 엮을 수 있었다. 비록 자그맣고 허름하더라도 '자유롭고, 느슨하며, 개방적인' 무대를 스스로 마련했다는 자부심도 함께 말이다.

하지만 나는 여전히 미숙하다. 설령 반나절 전의 내가 성숙했다 해도 지금은 여유라는 여우를 좇는 미숙한 사냥꾼과 다르지 않다. 그럼에도 잠시 멈춰야 한다. 잠시 멈추고 나만의 속도로 더듬어가다 보면 시야에 들어오게 되는 '자유롭고, 느슨하며, 개방적인' 풍경이 사냥보다 더 중요한 무언가를 알려줄 것이다.

우리는 미지의 시대에, 어떤 도시를 세워야 할까?

이 책이 자유로운 도시를 향한 여정 속에서 성숙과 여유, 그리고 삶이 함께 어우러지는 첫걸음이 되길 바란다.

민성휘

참고문헌

구마 겐고, 이정환 옮김, 임태희 감수, 『작은 건축』, 안그라픽스, 2015.
오르테가 이 가세트, 황보영조 옮김, 『대중의 반역』, 역사비평사, 2005.
隈研吾·清野由美『新·都市論TOKYO』集英社新書、2008.
隈研吾·清野由美「新·ムラ論TOKYO」集英社新書、2011.
ジャック・アタリ／林 昌宏訳『21世紀の歴史未来の人類から見た世界』作品社、2008.
司馬遼太郎『土地と日本人－＜対談集＞』中公文庫、1980.
倉方俊輔編『吉祥寺ハモニカ横丁のつくり方』彰国社、2016.
東浦亮典『私鉄3.0 沿線人気NO.1 東急電鉄の戦略的ブランディング』ニブックスPLUS新書、2018.
ニーアル·ファーガソン／柴田裕之訳『スクエア·アンド·ワー（上巻）ネッワークが創り変えた世界』、『同下巻権力と革命 500年の興亡史』、東洋経済新報社、2017.
仲暁子『ミレニアル起業家の新モノづくり論』光文社新書、2017.

구마 겐고의 도쿄 토크
-작고 느슨한 방식으로 도시 만들기

초판 1쇄 발행
2025년 11월 30일
초판 2쇄 발행
2026년 1월 20일

저자
구마 겐고, 기요노 유미
역자
민성휘
펴낸이
경한수
펴낸곳
인벨로프

출판등록
제 2023-000038 호
주소
서울시 종로구 옥인길 49, 403
전화
010-6246-8001
팩스
0504-419-8001

메일
kyunghansu@gmail.com
인스타그램
@envelop_official
ISBN
979-11-986987-4-2
북디자인
mykc

envelop